农业绿色

标准化生产体系建设与实用技术

王拥军　等　编著

中国农业科学技术出版社

图书在版编目（CIP）数据

农业绿色标准化生产体系建设与实用技术／王拥军等编著. —北京：中国农业科学技术出版社，2020.10

ISBN 978-7-5116-5012-2

Ⅰ.①农… Ⅱ.①王… Ⅲ.①绿色农业-农业发展-研究-中国 Ⅳ.①F323

中国版本图书馆 CIP 数据核字（2020）第 176224 号

责任编辑	徐 毅
责任校对	贾海霞

出 版 者	中国农业科学技术出版社
	北京市中关村南大街 12 号　邮编：100081
电 话	（010）82106631（编辑室）　（010）82109702（发行部）
	（010）82109709（读者服务部）
传 真	（010）82106631
网 址	http：//www. castp. cn
经 销 者	各地新华书店
印 刷 者	北京建宏印刷有限公司
开 本	850 mm×1 168 mm　1/32
印 张	8. 25
字 数	240 千字
版 次	2020 年 10 月第 1 版　2020 年 10 月第 1 次印刷
定 价	40. 00 元

◄─═▅ 版权所有·翻印必究 ▅═─►

《农业绿色标准化生产体系建设与实用技术》
编 委 会

主　编： 王拥军　刘　娜　孙永乐　周卫学　李连新
　　　　　翟　俊　申为民　王天广　赵冬丽　刘少华
　　　　　王建胜　郭素红　张小利　高丁石

副 主 编：（按姓氏笔画为序）
　　　　　石晓敏　史红娜　刘平丽　刘尚伟　江守旗
　　　　　李志明　杨玉东　杨永振　杨清彬　吴晶晶
　　　　　张太平　张雷鸣　武照行　赵玉平　赵　勇
　　　　　秦贵周　高　军　韩继荣　潘　旭

编写人员：（按姓氏笔画为序）
　　　　　王天广　王拥军　王建胜　王振华　石晓敏
　　　　　申为民　史红娜　刘少华　刘平丽　刘尚伟
　　　　　刘　娜　江守旗　孙永乐　李志明　李连新
　　　　　杨玉东　杨　宁　杨永振　杨清彬　吴晶晶
　　　　　张小利　张太平　张雷鸣　武照行　呼晓红
　　　　　周卫学　赵玉平　赵冬丽　赵　勇　秦贵周
　　　　　高丁石　高　军　郭素红　韩继荣　翟　俊
　　　　　潘　旭

前　言

在农业生产发展到一定水平、生产能力达到一定程度之后，农业生产的再发展必须运用生态学和生态经济学原理，把农业现代化纳入生态合理的轨道，以实现农业健康发展、优质与高效发展和可持续发展。回顾 20 世纪以来社会和经济发展的历程，人类已经清醒地认识到，工业化的推进为人类创造了大量的物质财富，加快了人类文明的进步，但也给人类带来了诸如资源衰竭、环境污染、生态破坏等不良后果，加上人口的刚性增长，人类必然要坚持循环农业，走可持续发展的道路。在这样的宏观背景下，"农业绿色发展理念"应运而生。

推进农业绿色发展，是贯彻新发展理念、加快农业现代化、促进农业可持续发展的重大举措，也是守住绿水青山、建设美丽中国的时代担当，对保障国家食品安全、资源安全和生态安全，维系当代人福祉和保障子孙后代永续发展具有重大意义。

党的十八届三中全会首次提出了"推进生态文明，建设美丽中国"的概念，并重点强调了生态农业是实现中国梦的重要发展方式。我国是一个传统的农业大国，拥有 5 000 多年的农业发展史，传统精耕细作经验丰富，具有较好的农业绿色发展基础条件；我国地域广阔，地理、气候环境条件的多样性，使农业生产呈现明显的地域特征，加上农业生产本来有众多特性，因此，要求按照因地制宜的原则选择适宜的发展模式。在我国推进农业绿色发展模式，既要继承和发扬传统农业技术的精华，又要在此基础上大量应用现代农业生产技术。

本书以理论和实践相结合为指导原则，在概述农业生产的意义与本质之后，介绍了农业绿色发展的指导思想，从农业生产的特点与发展阶段出发，论述了农业绿色标准化生产的迫切要求与发展趋势以及制度体系和支持体系；并阐述了农业绿色标准化生产的增效措施与关键技术以及农产品市场体系建设；还对绿色、有机食品的生产认证体系与安全保证体系做了较详细介绍。本书以农业绿色发展为主线，以问题分析和实践经验阐述及实用技术与体系建设介绍为重点，语言精练朴实，深入浅出，通俗易懂，针对性和可操作性较强，旨在为我国的农业绿色发展尽些微薄之力。本书适宜于广大基层农技人员和农业生产者阅读。

由于编著者水平所限，加之有些问题尚在探索之中，谬误之处在所难免，恳请广大读者批评指正。

编　者

2020 年 6 月

目　录

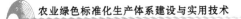

第一章　农业绿色标准化生产体系建设

第一节　农业生产的概念本质与绿色发展的指导思想

一、农业的概念与意义

广义农业的概念是指人们利用生物生命过程取得产品的生产以及附属于这种生产的各部门的总称。一般包括农、林、牧、副、渔五业。农业是人类的衣食之源，生存之本。"国以民为本，民以食为天"。农业是国民经济的基础，"以农业为基础"是我国社会主义建设的一个长期基本方针。农业在我国社会主义建设中有着极其重要的地位，关系到我国人民生活水平的不断提高，也关系到我国工业以至整个国民经济发展的速度。因此，把农业发展放在首位，加速农业的发展，实现农业绿色发展，使农业生产走良性循环的生态化道路，既是当务之急，也是根本大计。

把农业放在经济工作的首位，是我国的特殊国情所决定的，也是近些年来党中央一贯的指导思想。我国是一个人口大国，人多地少，解决10多亿人的吃饭问题，任何时候都只能立足于自力更生。我国是农业大国，80%的人口是农民。没有农民的小康，就没有全国的小康；没有农村的稳定，就没有全国的稳定；没有农业的现代化，就谈不上国家的现代化。农业和农村工作关系到整个国民经济的发展，关系到全社会的进步和稳定，关系到我国在国际经济竞争和政治较量中能否保持独立自主地位。它不仅是个经济问题，也是一个关系重大的政治问题，任何时候都不可掉以轻心。所以，必须进一步解放思想，稳中求进，改革创新，坚决破除体制机制弊端，坚持农业基础地位不动摇，加快推进农业绿色发展。

二、农业生产的本质

农业生产是人类利用绿色植物、动物和微生物的生命活动，进行能量转化和物质循环，来取得社会需要产品的一种活动。可以说，地球上的生物和人类全部生命活动所需要的能量来源于太阳能，但是人类和其他动物以及微生物还不能直接转化为自身可以利用的能量，更无法将其能量贮存起来，能够直接利用太阳能并把太阳能转化为有机物化学潜能贮存起来的只有绿色植物。恩格斯早在1882年就指出："植物是太阳光能的伟大吸收者，也是已经改变了形态的太阳能的伟大贮存者。"绿色植物细胞内的叶绿体，能够利用光能，将简单的无机物合成为有机化合物。一部分被人类直接食用、消化，一部分被动物食用、消化后再被人类利用，一些不能被人和动物利用的有机残体和排泄物，被微生物分解为无机物后，又重新被绿色植物利用，形成物质循环。

由此可见，农业生产的实质是人们利用生物的生命活动所进行的能量转化和物质循环过程。如何采取措施使植物充分合理地利用环境因素（如光、热、水、二氧化碳、土地、化肥等），按照人类需求，尽可能促进这一过程高效率的实现就是农业生产的基本任务。

农业生产一般由植物生产（种植业）、动物生产（养殖业）和动、植物生产过程中产生的废物处理即围绕土壤培肥管理而不断培肥力和改善生产条件3个密切联系不可分割的基本环节组成。要想提高生产效益，实现绿色发展，还应搞好农业产业化经营和无公害生产，避免土地环境与农产品污染，实现生态化生产。

植物生产是农业生产的第一个基本环节，也称第一个"车间"。绿色植物既是进行生产的机器又是产品，它的任务是直接利用环境资源转化固定太阳能为植物有机体内的化学潜能，把简单的无机物质合成为有机物质。植物生产包括农田、草原、果园和森林。所以，在安排农作物生产时，应综合考虑当地的农业自然资源，因地制宜，根据最新农业科学技术优化资源配置，对农田、果树、林木、饲草等方面合理区划，综合开发绿色发展。植物生产中粮食生产是主体部分，是第一位的，是人类生存的基础，应优先发展，在保证粮食安全的前提下，才能合理安排其他种植业生产。

动物生产是农业生产的第二个基本环节，也称第二"车间"。主要是家畜、家禽和渔业生产，它的任务是进行农业生产的第二次生产，把植物生产的有机物质重新改造成为对人类具有更大价值的肉类、乳类、蛋类和皮、毛等产品，同时，还可排泄粪便，为沼气生产提供原料和为植物生产提供优质的肥料。所以，畜牧业与渔业的发展，不但能为人类提供优质畜产品，还能为农业再生产提供大量的肥料和能源动力。发展畜牧业与渔业有利于合理利用自然资源，除一些不宜于农耕的土地可作为牧场、渔场进行畜牧业、渔业生产外，平原适宜于农田耕作区也应尽一切努力充分利用人类不能直接利用的农副产品（如作物秸秆、树叶、果皮等）发展畜牧业，使农作物增值，并把营养物质尽量转移到农田中去从而扩大农田物质循环，不断发展种植业。植物生产和动物生产有着相互依存、相互促进的密切关系，通过人们的合理组织，两者均能不断促进发展，形成良性循环绿色发展。

土壤培肥管理及生产条件的改善是农业生产的第三个基本环节，也称第三"车间"。"万物土中生""良田出高产"，土壤肥力为农作物增产提供物质保证，作物要高产，必须有高肥力土壤作为基础。土壤的培肥管理及生产条件的改善是植物生产的潜力积累，该环节的主要任务，一方面利用微生物，将一些有机物质分解为作物可吸收利用的形态，或形成土壤腐殖质，改良土壤结构；另一方面用物理、化学、微生物等方法制造植物生产所需的营养物质，投入生产中促进植物生产，并采取措施改善植物生长的环境因素，有利于植物生产。

近年来的生产实践证明，把沼气生产技术引入农业生产过程中，是一项一举多得的好事情，植物生产废物和动物生产废物以及人类生活废物通过厌氧发酵过程，不仅能把废物分解转化为动、植物生产的原料；还获得了干净、清洁的能源，另外，也消灭了寄生虫卵和病菌，解决了环境卫生问题。所以，沼气生产是种植业和养殖业"车间"的联系纽带，也是土壤培肥管理环节的良好途径，是搞好农业良性循环的核心。在农村发展以沼气为核心的生态农业富民工程，是增加能源、改善环境、改变卫生面貌的重要途径，是有效利用农村资源加快畜牧业发展的有效措施，也是生产无公害农产品的基础，还是农民增收、农业增效和可持续绿色发展、全面建设小康社会的重要举措。

上述 3 个环节是农业生产的基本生态结构，这 3 个环节是相互联系相互制约相互促进的，农业生产中只有在土壤、植物、动物之间保持高效能的能量转移和物质循环，搞好农业产业化经营，尽可能地综合利用自然资源，才能形成一个高效率的农业生产体系。各地只有根据当地的农业自然资源和劳动资源综合安排粮食、饲料、肥料、燃料等人们生活所需物质，建立农、林、牧、渔、土之间正常的能量和物质循环方式，不断的培肥地力和改善农业生产环境条件，才能保持农业生产良性循环，促进农业生产绿色持续稳定发展。

三、农业绿色发展的指导思想

要全面深化农村改革，坚持社会主义市场经济改革方向，处理好政府和市场的关系，激发农村经济社会活力；要鼓励探索创新，在明确底线的前提下，支持地方先行先试，尊重农民群众实践创造；要因地制宜、循序渐进，不搞"一刀切"、不追求一步到位，允许采取差异性、过渡性的制度和政策安排；要城乡统筹联动，赋予农民更多财产权利，推进城乡要素平等交换和公共资源均衡配置，让农民平等参与现代化进程、共同分享现代化成果。

推进中国特色农业现代化，要始终把改革作为根本动力，立足国情农情，顺应时代要求，坚持家庭经营为基础与多种经营形式共同发展，传统精耕细作与现代物质技术装备相辅相成，实现高产高效与资源生态永续利用协调兼顾，加强政府支持保护与发挥市场配置资源决定性作用功能互补。要以解决好地怎么种为导向加快构建新型农业经营体系，以解决好地少水缺的资源环境约束为导向深入推进农业发展方式转变，以满足吃得好吃得安全为导向大力发展优质安全农产品，在守住全国耕地面积不少于 18 亿亩（1 亩 ≈ 667m²，下同），农业用水控制在 3 720 亿 m³ 的底线基础上，努力走出一条生产技术先进、经营规模适度、市场竞争力强、生态环境可持续的中国特色新型农业绿色发展道路。

第二节 农业生产的特点与发展阶段

一、农业生产的特点

农业生产有许多特殊性，只有充分认识特殊性，根据不同的特性办事，才能有利于农业生产和搞好农业生产，实现农业绿色发展。

其一，农业生产具有生物性。农业生产的对象是农作物、树木、微生物、牧草、家畜、家禽、鱼类等，它们都是有生命的生物。生物是活的有机体，各自有着自身的生长发育规律，对环境条件有一定的选择性和适应性，因此，在进行农业生产时，一般要按照各种生物的生态习性和自然环境的特点来栽培植物和饲养动物、建立合理的生态平衡系统，做到趋利避害，发挥优势，不断地提高农业生产水平。

其二，农业生产具有区域性。农业生产一般在野外进行。由于地球与太阳的位置及运动规律、地球表面海陆分布等种种原因，造成地球各处的农业自然资源如光、热、水、土等分布的强弱和多少是不均衡的，形成农业自然资源分布的区域性差别。我国从大范围看，南方热量高、水多；北方热量低、水少。东部雨量多、土地肥沃；西北部雨量少、土地干旱、盐碱、风沙严重。西北光照多，东南光照少。不同的生态环境，也各有其适宜的作物种类和耕作方式。所以，进行农业生产要从各地的生态环境条件出发，在充分摸清认识当地生态环境条件的基础上，综合考虑农业生产条件，搞好农业资源的优化配置，从实际出发，正确利用全部土地和光、热、水资源，使地尽其利，物尽其用，扬长避短，趋利避害，尽可能地发挥各地的资源优势。

其三，农业生产的季节性和较长的周期性。各种农作物在长期的进化过程中，其生长发育的各个阶段都形成了对外界环境条件的特殊要求，加上不同地理位置气候条件不同，在不同地区对不同农作物自然地规定了耕种管收的时间性，使农业生产表现出较强的季节性。由于地球围绕太阳运行一周需一年时间，地球上气候变化具有年周期性，农业生产季节性也随年周期变化，从而使生产季节有较长的周期性。也就出现了"人误地一时，地误人一年"的农谚。农业生产错过时机，便失去了与作物生长发育相谐调的一年一度出现的生态条件，就会扩大作物与环境的矛盾，轻则影响作物产量或品质，重则造成减产，甚至绝收。因此，"不违农时"自古就是我国从事农业生产的一条宝贵经验，应当严格坚持。但随着生产水平的提高，人们采用地膜、温棚等措施，人为地改变一些环境条件，延长或变更了生产季节性，从事生产效益高的农业生产，也取得了较好的效果，应当在逐步试验示范的基础上，掌握必要的技术和必要的投入，不断壮大完善提高，且不可盲目扩大范围与规模，造成投资大，用工多，而效益低的不良后果。

其四，农业生产的连续性和循环性。人类对农产品的需求是长期的,而农产品却不能长久保存,农业生产需要不断的连续进行,才能不断地满足人们生活在需求,所以,农业生产不能一劳永逸。农业也是子孙万代的事业,农业资源是子孙万代的产业,是要子子孙孙永续利用的。农业生产所需的自然资源如阳光、热量、空气等可以年复一年不断供应,土地资源通过合理利用与管理,在潜力范围内还可不断更新。但是在农业生产中不研究自然规律,破坏性的滥用或超潜力利用土地资源,如不合理的使用农药、化肥、激素造成环境污染和重用轻养掠夺式经营等行为,使农业资源的可更新性受到破坏,就会严重影响农业生产。因此,在进行农业生产时,必须考虑农业生产连续性特点,保证农业资源的不断更新是农业生产的一项基本原则,也是保证农业生产不断发展的基本前提。在农业生产周期性变化中,要考虑上茬作物同下茬作物紧密相连和互相影响、互相制约因素,瞻前顾后,做到从当季着手,从全年着眼,前季为后季,季季为全年,今年为明年,达到农作物全面持续增产增效,生态化生产经营,绿色发展永续利用。

其五,农业生产的综合性。农业生产是天、地、人、物综合作用的社会性生产,它是用社会资源进行再加工的生产,经济再生产过程与自然生产过程互相交织在一起,因此,它既受自然规律的支配,又受经济规律的制约,在生产过程中,不仅要考虑对自然资源的适应、利用、改造和保护,也要考虑社会资源如资金、人力、石油、化肥、机器、农药的投放效果,使其尽可能以较小的投入,获得较大的生产效益。从种植业内部看,粮、棉、油、麻、糖、菜、烟、果、茶等各类农作物种植的面积和取得的效益,受到环境条件和社会经济条件的影响,受着社会需要的制约,需要统筹兼顾、合理安排。从农、林、牧、副、渔大农业来看,也需要综合经营全面发展,才能满足人们生活的需求和轻工等各方面的需要。农业生产涉及面广,受到多部门多因素的影响和制约,具有较强的综合性特点,只有根据市场需求合理安排,才能提高生产效益,达到不断提高产量和增加收入的目的。需要多学科联合加强对现代生态农业的宏观研究和综合研究，搞好整体的协调和布局，促进农业生产进行良性循环和绿色持续发展。

其六，农业生产的规模性。农业生产必须具备一定规模，才能充分发挥农业机械等农业生产因素的作用，才能降低生产成本，提高生产效益。较小的生产规模，不利于农业生产的专业化，社会化和商品化，不利于农业投入，会出现重复投入现象，造成投入浪费，也不利于先进农业技术的推广应用，影响农业机械化的作用和效率。随着农业产业化进程的加快和农业机械化水平的提高，农业适度规模生产和产业化经营问题将越来越重要。

二、农业发展阶段与信息农业

农业发展的历史是极其漫长的，一般认为农业的发展经历了原始农业、传统农业、现代农业 3 个发展阶段。我国农业历史悠久，是农业起源的中心，这 3 个发展阶段非常典型且完整。近年来，一些专家学者提出了信息农业发展阶段。

（一）原始农业

人类最早的社会形态是原始社会，在原始社会末期，一方面，随着人口的增加，对食物的需求不断扩大，自然界提供的食物已经不能满足人口增长的需要，人类急需寻求稳定的食品来源；另一方面，随着劳动经验的积累和劳动工具的改进，人类学会了一系列增加劳动产品的方法。因此，一场经济革命—即人类社会由采集狩猎社会向农业社会的转变就由此而产生了。

原始农业起源于公元前 9000 年至公元前 8000 年，原始农业最初仅是对自然的模仿，因此，种植方式既简单又粗放，将种子撒到地里，任其自然生长，到了收获季节再采集谷粒，后来发展到"刀耕火种"，又进一步发展到"稻耕"和"中耕"的耕作方式时期。

原始社会的出现，使人类实现了由摄取经济向生产经济的转变，正像恩格斯所指出的："动物仅仅利用外部自然界单纯地以自己的存在来使自然界改变；而人则通过他所作出的改变来使自然界为自己的目的服务，来支配自然界。"直到这时，人类才真正脱离了动物界，成为真正完整意义上的人。

尽管原始农业非常落后，但它毕竟在促进人类进步方面具有非同寻常的意义。由于农业的产生，生产力发生了巨大的变化，加速了人类历史的进程，带来了较长时期的定居，也带来了农村和逐渐发展的未来城市，奠定了人类空前未有的物质基础。因此，原始农业的产生被称为"农业革命"。

从农业产生到工业社会出现这漫长的历史中，农业一直是社会的主导产业，它为人类提供了衣食等最基本的生存条件。这一时期的人类使用简陋粗糙的工具，耕作方式主要采用刀耕火种和轮垦种植，既没有品种的选育，也没有灌溉措施，完全靠天吃饭；对病虫害及自然灾害没有任何抵御能力；依靠长期休耕的方法去自然恢复地力；靠单纯经验积累起来的生产技能，进行自给自足的小农经营的生产，经营规模狭小，没有多少分工。总之，原始农业生产力水平低下，产量很不稳定，虽然"刀耕火种"的耕作方式对自然资源和环境破坏作用很大，但由于人口稀少，而且采用"撂荒""抛荒""休田"的方法，自然资源和环境恢复很快，因此，对自然环境和资源几乎没有任何影响。所以，原始农业的产品没有任何污染，应属有机农业。

（二）传统农业

传统农业是农业发展历史上的第二个阶段，是资本主义生产方式开始出现到 19 世纪末 20 世纪中叶前这段时期的农业。表现为农业生产逐步向半机械化转变，农业生产资料在农业生产中的应用日益增多，农业生产技术开始不断运用近代自然科学成果，农业生产由自给自足为主逐渐转变为商品化，社会化生产，农业发展速度大大加快，而农业产值与农民数量在国民经济和总就业人数中的比重开始下降。

我国的传统农业经历了夏、商、周的初步发展，春秋战国时期精耕细作农业技术的产生，北方旱作技术体系和南方水田技术体系的形成，一直到明清时期进一步的发展、完善和提高，形成了以精耕细作为特点的传统农业技术体系。在品种选育、病虫害防治、农具制作、农田灌溉、土壤肥料、田间管理、农时节气等方面取得了举世瞩目的成就。德国化学家李比希说："中国农业是以经验和观察为指导，长期保持着土壤肥力，借以适应人口的增长而不断提高其产量，创造了无与伦比的农业耕种方法。"美国当代育种家布劳格说："中国人民创造了世界上已知的最惊人的变革之一，几乎遍及全国的两熟和三熟栽培，在发展中国家中居于领先地位。"

中国传统农业注意节约资源，并最大限度地保护环境，通过精耕细作提高单位面积产量；通过种植绿肥植物、粪便、废气物还田保护土壤肥力；利用选择法培育和保存优良品种；利用河流、池塘和井进行灌溉；利用人力和蓄力耕作；利用栽培、生物、物理的方法和天然物质防治病虫害。因此，中国传统农业既是生态农业，又是有机农业，为我们发展现代绿色农产品标准化生产打下了较好的基础。

传统农业生产虽然保证了人口增长的生活供给，种养结合生产方式有了一定的发展，农业生产条件得到了一定程度的改善，农业增产增效和农民增收有了长足的进步，但农业生态资源的开发利用力度逐步加大，给环境造成了较大威胁。其生产经营方式也有许多不足。一是以小农户分散经营为主体，难以应对大市场带来的变化；二是基本上依靠世代相传的农业生产经验，生产要素比较分散，生产投入不科学，农业劳动生产水平不高；三是农业生产率水平低下，农业产出量和农民增收缓慢、农业生产的综合效益较低；四是农业科技成果和农业机械化水平虽然有了一定程度的提高，但是从总体上讲，农业生产方式仍属于小而全、自给自足的生产方式；五是农民改造自然的能力虽然有了新的进步与发展，但是农业组织化程度与水平仍然较低，受传统农业的影响和家庭条件限制难以扩大再生产，农畜产品转化增值的程度依然不高，农业生产的高产优质高效无法很好实现。

（三）现代农业

19世纪工业与科学技术的发展为农业现代化准备了条件。其主要表现为以现代工业装备农业，以现代科学技术武装农业，以现代经济理论和方法经营农业，用开放式的商品经济替代封闭式的自给性传统经济。现代农业首先在发达国家实现，主要是农业机械、化肥、农药和良种的应用，促进了生产力的提高。它是以大量石化能源的投入为特点的农业，因此，又称为"石油农业"或"无机农业"。

随着19世纪30年代蒸汽机的改良，又逐步发明了蒸汽犁和拖拉机，到现在农业机械已高度智能化、节能化、环保化。1838年英国发明过磷酸钙肥料，到目前发展为含有微量元素的多元复合肥普遍应用。1882年法国发明了波尔多液杀菌剂，到目前出现种类众多的杀菌、杀虫剂以及除草剂。肥料、农药施用已出现残留污染问题和抗性问题，并且育种工作也经历了人工选择、杂交育种、诱变育种、多倍体育种、细胞工程育种和基因工程育种发展过程，培育出大量优良品种，到目前人们已经能够利用基因工程手段，按照自己的意愿培育品种，取得了巨大的经济效益，但也引起了人们对转基因食品安全性的忧虑。

现代农业降低了劳动强度，最大限度地发掘了植物的增产潜力，提高了农产品的质量。但是，进入20世纪60年代以后，发达国家对发展现代农业带来的负面影响逐渐显现，他们开始对"石油农业"进行反思批判，提出了发展"有机农业"和"生态农业"来替代"石油农业"。我国的现代农业起步较晚，但发展较快，应充分吸取发达国家发展现代农业的经验与教训，坚持立足实际，实事求是，搞好农业良性循环，绿色发展，走中国特色的现代农业绿色发展道路。

（四）信息农业

近年来，随着科学技术发展与进步，将计算机的信息存储和处理、通信、网络、自动控制及人工智能、多媒体、遥感、地理信息系统、全球定位系统等先进技术用于农业生产，出现了"智能农业""精确农业""虚拟农业"等高新农业技术，一些专家学者认为已进入了信息农业发展阶段。简单说来，信息农业就是集知识、信息、智能、技术、加工和销售等生产经营诸要素为一体的开放式、高效化的农业。

农业信息化是指人们运用现代信息技术，搜集、开发、利用农业信息资源，以实现农业信息资源的高度共享，从而推动农业经济发展。农业信息化的进程，是不断扩大信息技术在农业领域的应用和服务的过程。农业信息化包括农业资源环境信息化、农业科学技术信息化、农业生产经营信息化、农业市场信息化、农业管理服务信息化、农业教育信息化等。

我国信息农业才刚刚起步，要走的路还很长，需要解决的问题也很多，不能一蹴而就，应因地制宜试验示范先行，稳步推进发展。

第三节　农业绿色标准化生产的必然性与制度体系建设

一、农业绿色标准化生产的必然趋势与迫切要求

（一）农业绿色标准化生产的必然趋势

现代农业的发展对全球社会的持续繁荣和发展起到了至关重要的作用，发展经济学家普遍认为，现代农业为经济和社会的发展作出了四大贡献：一是产品贡献。即为人类提供了充足食物。二是要素贡献。即为工业化积累资本和提供剩余劳动力。三是市场贡献。即为工业品提供消费市场。四是外汇贡献。即为工业化和技术引进

提供外汇资本。

但是，在现代农业的发展取得成就的同时，也产生了一系列问题。

一是对石油等石化能源的过度依赖与能源供给短缺形成了尖锐矛盾。20 世纪 50—80 年代的 30 年，世界化肥施用量就增加了 8.5 倍，灌溉面积增加了 1.4 倍，大中型拖拉机增加了 3.8 倍，农业能源消耗由 1950 年的 0.38 亿 t 石油当量上升到 1985 年的 2.6 亿 t 石油当量。从长期来看，世界石油能源储存量、开采量和供给量有限，现代农业过度依赖石油能源投入的惯性将增加现代农业的不稳定性，从而导致世界粮食市场供求关系随石油价格的波动而波动。

二是农业生产中大量使用化肥、农药等农业化学物质投入品。化肥、农药、农膜等农业化学物质投入品，在土壤和水体中残留，造成有毒、有害物质富集，并通过物质循环进入农作物、牲畜、水生动植物体内，一部分还将延伸到食品加工环节，最终损害人体健康。

过量使用化学物质，不仅污染了环境，而且污染了生物；不仅影响了农业生产本身，而且影响了人体健康。特别是过量使用化学农药，后果最为严重，出现了一系列问题。如农药抗性问题、害虫再度猖獗问题、农业生产成本增加问题和残留污染问题。

三是片面依靠农业机械、化学肥料和除草剂的投入，加上不合理的耕作，引起水土流失、土壤和生态环境恶化。片面依靠化学肥料增加农业产量，忽视有机肥的作用，使土壤中有机物减少恶化了土壤理化性状，加上不合理的耕作和过量施用除草剂，造成土壤板结，降低了土地生产能力。同时，还造成土壤过度侵蚀和水土流失以及土壤盐渍化与沙漠化，土地资源不断受到破坏。

四是生物多样性遭到破坏。现代育种手段和种植方式，破坏了生物多样性，使不可再生的种质资源大大减少，特别是基因工程手段的应用，引起了人们对转基因食品安全性的忧虑和恐慌。

随着环境污染问题和生态平衡被破坏问题的日趋严重，各国对全球性环境问题越来越重视，"宇宙只有一个地球""还我蓝天秀水"的呼声在世界各地此起彼伏。同时，环境污染对食品安全性的威胁及对人类身体健康的危害也日渐被人们所重视，大多数国家的环境意识迅速增强，保护环境，提高食品的安全性，保障人类自身的健康已成为大事。回归大自然，消费无公害食品，已成为人们的必需。因此，生产无农药、化肥和工业"三废"污染的农产品，发展可持续农业就应运而生。1972年，在瑞典首都斯德哥尔摩联合国"人类与环境"食品会议上，成立了有机农业运动国际联盟（IFOAM）。随后，在许多国家兴起了生态农业，提倡在原料生产、加工等各个环节中，树立"食品安全"的思想，生产没有公害污染的食品，即无公害食品。由此，在全世界又引起了新的农业革命。随后，一些国家相继研究、示范和推广了无公害农业技术，同时，开发生产了无公害、生态和有机食品，无公害、绿色农产品生产开始兴起。

在我国农业生产取得举世瞩目成就之后，农业资源如何有效配置？农业生产如何优质、高效和可持续发展？农民怎样才能较快的步入小康？社会主义新农村如何建设等问题相继而来摆在我们面前。党中央高瞻远瞩，从2004年以来，中央一号文件连续多年锁定"三农"工作，集中出台了一系列促进农业和农村经济发展的激励政策、调控政策、支持政策和财政保障政策；在准确分析和把握我国农业和农村经济新形势的基础上，又及时正确地提出了"用现代物质条件装备农业，用现代科学技术改造农业，用现代产业体系提升农业，用现代经营形式推进农业，用现代发展理念引领农业，用培养新型农民发展农业"的农业绿色发展新思路，为农业的健康稳步发展指明了方向。我国是一个传统农业大国，既有传统的精耕细作经验，也有多变的地理、气候环境条件，加上众多人口在农村，经济还不十分发达，农业绿色发展必须走中国特色社会主义道路；必须着力提高农业水利化、机械化和信息化水平，提高土地产出率、资源利用率和农业劳动生产率，提高农业效益和竞争力；必须保护好资源生态环境，提高农产品质量，搞好"一控两减三基本"，走绿色持续发展的模式。

回顾 20 世纪以来社会和经济发展的历程，人类已经清醒的认识到，工业化的推进为人类创造了大量的物质财富，加快了人类文明的进步，但也给人类带来了诸如资源衰竭、环境污染、生态破坏等不良后果，再加上人类的刚性增长，人类必然要坚持走可持续发展的道路。在这样的宏观背景下，必然要催生一种新的农业增长方式或新的农业发展模式，"农业绿色发展"应运而生。

（二）农业绿色发展的紧迫性

1. 世界农业发展新形势的迫切要求

农业绿色发展模式作为一个新生事物，它是在一定历史背景下产生并得到发展的。农业是一个永恒的产业，它既是人类生存和发展的基础，又随着人类文明的不断进步而不断得到发展。进入 21 世纪，科技转化、资源匮乏、环境恶化、食物安全和经济发展等，都面临着新的矛盾和挑战，世界农业的发展呈现新的形势。

（1）农业发展的首要任务是保障人类食物安全。人类生存所需要的粮食问题虽然有所好转，但至今仍然没有得到充分满足，世界上仍有相当数量的人没有解决基本的温饱问题，而食物质量安全与营养健康问题更加凸显出来。

（2）农业发展需要科学技术作支撑。一方面，科学技术的日新月异，特别是生物技术、信息技术以及纳米技术等的快速进步和广泛应用，使农业发展对科学技术的依赖越来越强；另一方面，农业科学技术对农业的贡献率仍较低，农业的科技成果转化率亟待尽快提高。

（3）农业的发展需要良好的资源环境条件，现代工业文明的负效应成为农业发展的制约因素。现代工业文明正在加快对传统农业的改造，加快了农业现代化和农村发展的步伐，但随之而来的环境与资源的保护与开发问题日益受到社会的普遍关注。农业作为基础的、弱质的生命类产业，资源短缺、环境恶化对农业的发展制约明显。

（4）农业的发展需要农产品标准化。全球经济一体化和市场资源配置的基础性作用，正在使重农抑商的产品性自然经济转向农工商互利的商品型市场经济，农业作为主要的基础产业，其经济效益成为推动社会和经济发展的重要力量。农业的经济效益需要通过农产品经市场流通来实现，国际性农产品贸易、甚至国内农产品贸易的顺利进行，需要确定国际间相互认可的农产品标准。

2. 中国农业发展新阶段的迫切要求

中国经济发展自改革开放以来不断取得新的成就，经济的高速增长在世界范围内、在我国历史上都是罕见的，经济总量已经稳居世界第二。很短的时间内，我们就由低收入国家进入了中等偏上收入国家的行列，国力、财力包括国际影响力都发生了深刻的变化。现在我们面临的主要问题是供给不适应需求的变化，这一点不仅表现在工业上，也同样表现在农业中。一方面，我们生产的产品大路货多，卖难滞销，库存积压，形成社会资源的浪费；另一方面，高端的个性化的需求满足不了，产品缺乏国际竞争力，大量的市场被进口产品挤占，给我们国内的产业成长带来了隐患和威胁。农业要做精做强，不解决好这个问题就没有出路。所以，我们提出了农业供给侧结构性改革问题。

农业供给侧结构性改革，就是要求农业从生产端、供给侧发力，把增加绿色、优质农产品供给放在突出位置。我国农业发展已经进入了新的历史阶段，主要矛盾已经由解决总量不足转变为解决质量效益不高的问题。供给侧结构性改革就是要用改革创新的办法，调整农业的要素、产品、技术、产业、区域、主体这几个方面的结构。例如，要素结构，特别是投入品，要投入绿色的产品、信息化的产品，如绿色的生物肥料、无人机。产品结构，要创造能满足中高端需求的优质产品。技术结构，由过去促进增产的单一性技术，转变为强调品质、环保、节本增效等符合可持续发展要求的复合型技术。产业结构，改变产业结构失衡的现状，实现一、二、三产业融合发展。区域结构，继续推进优势特色农产品的区域布局规划，解决跟风种养、同期上市、相互杀价等恶性竞争问题。主体结构，加快培育新型经营主体，促进农业规模化经营和产业化发展。只有解决好这几方面的结构性问题，我们的农业才能有竞争力，才能满足不断增长和升级的消费需求。推进农业供给侧结构性改革，可以破解和满足以下几个方面的需求。

（1）农业供给侧结构性改革是破解农产品供需结构性失衡的迫切需要。农产品供需失衡，缺乏优质品牌农产品，与城市居民消费结构快速升级的要求不适应，是当前农业发展面临的第一大问题。这一现状需要我们以市场需求为导向，加快调优农产品结构，调精品质结构，从过去主要满足量的需求向更加注重质的需求转变。

（2）推进农业供给侧结构性改革是提高农业比较效益的迫切需要。由于资源条件的制约，我国农业生产成本高，效益比较差，缺乏竞争力。土地流转和人工成本不断攀升，不走机械化、规模化的发展道路，农业生产效益很难提升。目前，一方面我国的农业生产成本每年在增长，对农业经营效益形成了明显的挤压效应；另一方面农产品价格低位徘徊，尽管前几年国家采取保护价收购提高了农产品价格，但这种做法长期来看难以为继，要进行改革，实行价补分离。因此，不进行农业供给侧结构性改革，我们的农业效益就难以提升，就很难吸引新的要素、新的资源投入，长此以往农业就会衰落。

（3）推进农业供给侧结构性改革是缓解资源环境压力的迫切需要。农业是自然的再生产和经济的再生产交织的过程，必须依赖自然资源，又必须在发展的过程中很好地利用和保护好资源。这些年我们在发展农业取得巨大成就的同时，也给资源环境造成了很大的压力，水土流失、地下水干涸、湿地面积减少、土地面源污染等种种问题都不符合绿色发展的要求，必须通过农业供给侧结构性改革，由过去过度依赖资源消耗转到绿色可持续的发展道路上来。

（4）推进农业供给侧结构性改革是增强我国农产品国际竞争力的迫切需要。入市以来，我国农业已经完全融入了国际市场，现在进口农产品的平均关税只有15%。一些农产品的生产成本比从国外进口要高出许多。同时，一些农产品的质量没有完全满足消费需求，也使大量的国外农产品进入了中国的市场，如奶粉、奶制品。成本、品质是市场竞争力的核心，不解决这两方面的问题，我们国内的产业就很难在国际竞争中取得优势。要不断提升产品质量和品质，也需要推动农业供给侧结构性改革。

二、农业绿色标准化生产的理念原则与任务目标

（一）对农业绿色标准生产发展理念的认识

农业绿色标准生产发展模式作为一种新的农业模式早已在多种传媒中出现，但对于"农业绿色发展"理念统领的表述也随着研究和认识的不断深入而不断完善，目前对农业绿色发展理念内涵和基本点的基本认识表述如下。

1. 农业绿色标准生产发展理念的深刻内涵

对农业绿色标准生产发展理念的深刻内涵应把握以下4点。

（1）更加注重资源节约。这是农业绿色发展的基本特征。长期以来，我国农业高投入、高消耗，资源透支、过度开发。推进农业绿色发展，就是要依靠科技创新和劳动者素质提升，提高土地产出率、资源利用率、劳动生产率，实现农业节本增效、节约增收。

（2）更加注重环境友好。这是农业绿色发展的内在属性。农业和环境最相融，稻田是人工湿地，菜园是人工绿地，果园是人工园地，都是"生态之肺"。近年来，在农业快速发展的同时，生态环境也亮起了"红灯"。推进农业绿色发展，就是要大力推广绿色生产技术，加快农业环境突出问题治理，重显农业绿色的本色。

（3）更加注重生态保育。这是农业绿色标准生产发展的根本要求。山、水、林、田、湖、草是一个生命共同体。长期以来，我

国农业生产方式粗放，农业生态系统结构失衡、功能退化。推进农业绿色发展，就是要加快推进生态农业建设，培育可持续、可循环的发展模式，将农业建设成为美丽中国的生态支撑。

（4）更加注重产品质量。这是农业绿色标准生产发展的重要目标。推进农业供给侧结构性改革，要把增加绿色优质农产品供给放在突出位置。当前，农产品供给大路货多，优质的、品牌的还不多，与城乡居民消费结构快速升级的要求不相适应。推进农业绿色发展，就是要增加优质、安全、特色农产品供给，促进农产品供给由主要满足"量"的需求向更加注重"质"的需求转变。

2．对农业绿色标准生产发展理念的理解

对农业绿色标准生产发展理念的理解，必须把握以下 7 个基本点。

（1）农产品的生产过程是安全的，资源和最终产品是安全的。

（2）遵循可持续发展原则，协调统一全面发展农业，农业综合效益高。

（3）充分利用现代先进科学技术、先进装备、先进设施和先进理念，统一协调发展观，促进社会经济的全面发展。

（4）农产品数量足，充分满足人们日益增长的各种需求。

（5）农业生产的各个环节均有符合人们要求的标准，改善生态环境，提高环境质量，促进社会、资源、环境的协调发展，促进人类文明健康发展。

（6）大农业、泛农业概念，一种新的农业发展模式。

（7）农业绿色标准生产发展理念随着时间的推移，空间的扩展，科学技术的发展，将赋予新的更加丰富的内涵。

3．绿色农业的概念与农业绿色发展理念

绿色农业是指以生产并加工销售绿色食品为轴心的农业生产经营方式。绿色食品是遵循可持续发展的原则，按照特定方式进行生产，经专门机构认定的，允许使用绿色标志的无污染的安全、优质、营养类食品。

绿色农业是广义的"大农业"，是经济概念，其包括绿色动植物农业、白色农业、蓝色农业、黑色农业、菌类农业、设施农业、园艺农业、观光农业、环保农业、信息农业等。绿色农业的绿色产品优势必将转化为绿色产业优势和绿色经济优势。

绿色农业是以生态农业为基础，以高新技术为先导，以生产绿色产业为特征，且树立全民族绿色意识，进行农业生产，产出绿色产品，开辟国内外绿色市场。

农业绿色标准生产发展理念是一个坚持可持续发展、保护环境的理念。农业绿色发展模式可以从根本上解决高度依赖大型农机具、化肥、农药，不断消耗大量不可再生的能源，造成土壤流失、空气和水污染等问题。并以"绿色环境""绿色技术""绿色产品"为主体，促使过分依赖化肥、农药的化学农业向主要依赖生物内在机制的生态农业转变。

农业绿色标准生产发展模式即"采取某种使用和维护自然资源基础的方式，并实行技术变革和体制性变革，以确保当代人类及后代对农产品的需求不断得到满足。"这种可持续的发展（包括农业、林业和渔业）能维护土地、水和动植物的遗传资源，是一种环境不退化、技术上应用适当、经济上能够维持下去及社会可接受的农业生产方式，也是一种生态健全、技术先进、经济合理、社会公正的理想农业发展模式。根据20世纪以来农业现代化建设的经验与教训，在发展中国家的传统农业向现代农业转变过程中，农业绿色发展模式还汲取了传统农业的合理成分，刷新了现代农业发展模式的含义，是生态化与集约化内在统一的农业增长与经济方式的最佳模式，也标志着世界现代农业发展进入了新的阶段。

农业绿色标准生产发展模式就是利用"绿色技术"进行农业生产的一种体系。其基本内容：一是指生物的多样性；二是指在农业的发展过程中，保持人与环境、自然与经济的和谐统一，即注意对环境保护、资源的节约利用，把农业发展建立在自然环境良性循环的基础之上；三是指生产无污染、无公害的各类农产品，包括各类农业观赏品等。"绿色技术"，简单地说，就是指人们能充分节约的利用自然资源，并且生产和使用时对环境无害的一种技术。

农业绿色标准生产发展模式基本贯穿了生态平衡、环境保护、可持续发展的思想，并重视先进科学技术的应用。

综上所述，农业绿色标准生产发展模式是指以全面、协调、可持续发展为基本原则，以促进农产品安全（数量安全和质量安全）、生态安全、资源安全和提高农业综合效益为目标，充分运用科学先进技术、先进工业装备和先进管理理念，汲取人类农业历史文明成果，遵循循环经济的基本原理，把标准化贯穿到农业的整个产业链条中，实现生态、生产、经济三者协调统一的新型农业发展模式。

农业绿色发展理念是一个相对的、动态的概念，随着时代的发展，其内涵还将不断地丰富和发展。

（二）农业绿色标准生产发展的基本原则

（1）坚持以空间优化、资源节约、环境友好、生态稳定为基本路径。牢固树立节约集约循环利用的资源观，把保护生态环境放在优先位置，落实构建生态功能保障基线、环境质量安全底线、自然资源利用上线的要求，防止将农业生产与生态建设对立，把绿色发展导向贯穿农业发展全过程。

（2）坚持以粮食安全、绿色供给、农民增收为基本任务。突出保供给、保收入、保生态的协调统一，保障国家粮食安全，增加绿色优质农产品供给，构建绿色发展产业链价值链，提升质量效益和竞争力，变绿色为效益，促进农民增收，助力脱贫攻坚。

（3）坚持以制度创新、政策创新、科技创新为基本动力。全面深化改革，构建以资源管控、环境监控和产业准入负面清单为主要内容的农业绿色发展制度体系，科学适度有序的农业空间布局体系，绿色循环发展的农业产业体系，以绿色生态为导向的政策支持体系和科技创新推广体系，全面激活农业绿色发展的内生动力。

（4）坚持以农民主体、市场主导、政府依法监管为基本遵循。

既要明确生产经营者主体责任，又要通过市场引导和政府支持，调动广大农民参与绿色发展的积极性，推动实现资源有偿使用、环境保护有责、生态功能改善激励、产品优质优价。加大政府支持和执法监管力度，形成保护有奖、违法必究的明确导向。

根据生产实践，具体操作层面还要坚持以下 10 个方面原则。

1. 突出农村主导产业，实现经济社会全面发展

坚持以发展农村经济为中心，进一步解放和发展生产力，因地制宜，做强做大当地农业主导产业，一般要以粮食为基础，大力发展粮食生产，在此基础上大力发展畜牧业和农产品加工业，为绿色农业发展提供产业支撑。同时，大力加强农村基础设施建设，发展农村公共事业，提高物质文化水平，实现全面发展。

2. 坚持经济和生态环境建设同步发展

农业绿色发展，实现农业可持续发展，必须把生态环境建设放在十分重要的位置，坚决改变以牺牲环境来换取经济发展的传统发展模式，禁止有污染的企业发展。同时，结合社会主义新农村建设，大力加强植树造林、村容村貌的整顿，在农村开展农村清洁工程，改善生态环境和生产生活条件。

3. 实行分类指导、突出特色

农业绿色发展模式建设要根据当地的经济实力和资源特色，分类指导，递次推进，不搞一刀切，要倡导和支持专业村、特色村建设，鼓励"一村一品、一乡一产、数村一业"的专业化、标准化、规模化发展模式。就我国近段生产实践情况而言，农业绿色发展要从依靠科技进步入手，通过提高农业生产经营者的素质去搞好生产经营活动。要在摸清当地农业生产状况的基础上，找准限制因素和存在的关键问题，针对存在问题，科学采取相应对策与措施，认真加以解决，不能再搞"一哄而上"和"一哄而散"的被动生产局面。

4. 整合社会资源，实行重点突破

各地对每年确定的主要农业建设项目，要坚持资金、技术、人

才重点倾斜，各种资源要素集中整合，捆绑使用，使项目建一个成一个，确保项目综合效益的全面实现。

5. 坚持城乡统筹，全社会共同参与

改变传统的就农业抓农业、城乡两元分割的不利做法和管理体制，制定相应政策和激励机制，引导社会力量参与绿色农业建设，发挥中心城镇作用，制定城乡统筹、城乡互动、城市带动农村发展的有效机制。鼓励企事业单位、社会名流向农业、农村投资创办企业和承担建设项目，积极引进一切资金，增加农业投入；鼓励广大农民群众出资投劳，搞好基础建设和环境整治，改善家乡面貌。

6. 树立典型，以点带面

农业绿色发展模式建设是一项长期的系统工程，涉及多学科、多行业、多部门，要求全社会广泛参与。必须统筹安排，循序渐进。要充分发挥各类农业示范区的示范作用，集中力量抓一批典型，及时展示农业绿色发展成果，总结农业绿色发展经验，组织参观、培训、调研活动，推广成功经验，普及关键技术，传播适用信息，达到以点带面。

7. 坚持"以人为本"

农村广大农民群众、专业协会、新型农民合作组织、涉农企业是农业绿色发展模式建设的主体。要坚持"以人为本"的原则，就是要以农民的全面发展为根本，发挥市场配置资源的主导作用，兼顾各方面的利益，实现农业发展与农民富裕目标同步实现，农民收入增长与农民素质同步提高，农业基础设施建设与农村公益事业同步发展，农村经济社会进步与生态环境、生存条件改善同步进行。

8. 发展建设和理论研究兼顾

农业绿色发展模式建设，关系到农业可持续发展。农业绿色发展理论和发展模式的创立，为当代农业发展提供了全新的视角和发展思路。农业绿色发展模式要在农、林、畜、渔结合、产业化、科技服务体系建设等方面搞好实践，要以示范区建设为载体，以大专

院校、科研单位为依托，发挥本地干部、科技人员、群众的聪明才智，针对当地粮食、畜牧、林果生产和生态建设关键技术、服务体系和绿色农业发展模式进行必要的研究，打牢农业绿色发展模式建设的理论基础，提高科技服务和农业管理水平。

9. 加强农业生产自身环境污染治理，保护好生态环境

农业绿色发展不能以牺牲环境为代价，在农业绿色发展的同时，要解决自身环境污染问题。多年的实践证明，在农业绿色发展过程中大力发展以沼气为核心的生态富民家园工程，是促进农业和农村经济发展的重要举措，它不但能生产洁净的能源和生态肥料，同时，还是处理有机废物的有效途径，用沼气连接养殖业和种植业，能解决众多发展过程中存在的矛盾和问题，并能保护环境，实现农业可持续发展，是一条正确的发展途径。

10. 有效地增加投入，改善生产条件，增强动力和后劲

农业绿色发展，离不开土地、水利设施、农业机械等生产条件的改善，要千方百计地增加对农业的投入，同时尽可能减少重复投入，提高投资效果，在提高和保持农业综合生产能力上下功夫，克服掠夺性生产方式，用养结合，不断培肥地力，为绿色农业发展奠定基础。

（三）农业绿色标准生产发展的目标任务

把农业绿色发展摆在生态文明建设全局的突出位置，全面建立以绿色生态为导向的制度体系，基本形成与资源环境承载力相匹配、与生产生活生态相协调的农业发展格局，努力实现耕地数量不减少、耕地质量不降低、地下水不超采，化肥、农药使用量零增长，秸秆、畜禽粪污、农膜全利用，实现农业可持续发展、农民生活更加富裕、乡村更加美丽宜居。

资源利用更加节约高效。到 2020 年，严守 18.65 亿亩耕地红线，全国耕地质量平均比 2015 年提高 0.5 个等级，农田灌溉水有效利用系数提高到 0.55 以上。到 2030 年，全国耕地质量水平和农业用水效率进一步提高。

产地环境更加清洁。到 2020 年，主要农作物化肥、农药使用量实现零增长，化肥、农药利用率达到 40%；秸秆综合利用率达到 85%，养殖废弃物综合利用率达到 75%，农膜回收率达到 80%。到 2030 年，化肥、农药利用率进一步提升，农业废弃物全面实现资源化利用。

生态系统更加稳定。到 2020 年，全国森林覆盖率达到 23% 以上，湿地面积不低于 8 亿亩，基本农田林网控制率达到 95%，草原综合植被盖度达到 56%。到 2030 年，田园、草原、森林、湿地、水域生态系统进一步改善。

绿色供给能力明显提升。到 2020 年，全国粮食（谷物）综合生产能力稳定在 5.5 亿 t 以上，农产品质量安全水平和品牌农产品占比明显提升，休闲农业和乡村旅游加快发展。到 2030 年，农产品供给更加优质安全，农业生态服务能力进一步提高。

简言之，农业绿色发展目标就是要搞好"三个确保，一个提高"：一是确保农产品质量安全。农产品质量安全包括数量安全和质量安全。农业绿色发展要以科技为支撑，利用有限的资源保障农产品的大量产出，满足人类对农产品数量和质量的需求。二是确保生态安全。生态平衡的最明显表现就是系统中的物种数量和种群规模相对平稳。农业绿色发展要通过优化农业环境、强调植物、动物和微生物间的能量自然转移，确保生态安全。三是确保资源安全。农业的资源安全主要是水资源与耕地资源的安全问题。农业绿色发展要满足人类需要的一定数量和质量的农产品，就必然需要确保相应数量和质量的耕地、水资源等生产要素，因此，资源安全是农业绿色发展重要目标。一个提高就是提高农业综合经济效益。由于农业是一个基础产业，它连接的是社会弱势群体—农民，而且农业担负着人类生存和发展的物质基础—食物的生产，因此，农业综合经济效益的提高对国家安全、社会发展的作用十分重要。

三、农业绿色标准化生产的制度体系建设

在市场经济条件下，农业生产者和其他市场参与者是农业绿色发展的主体，政府职能的发挥对于加快农业绿色发展进程也起着至关重要的作用。近年来的实践证明，农业绿色发展需建立必要的制度体系与支持体系。可从以下 6 个方面落实制度与建立支持保证体系。

（一）优化农业主体功能与空间布局

1. 落实农业功能区制度

大力实施国家主体功能区战略，依托全国农业可持续发展规划和优势农产品区域布局规划，立足水土资源匹配性，将农业发展区域细划为优化发展区、适度发展区、保护发展区，明确区域发展重点。加快划定粮食生产功能区、重要农产品生产保护区，认定特色农产品优势区，明确区域生产功能。

2. 建立农业生产力布局制度

围绕解决空间布局上资源错配和供给错位的结构性矛盾，努力建立反映市场供求与资源稀缺程度的农业生产力布局，鼓励因地制宜、就地生产、就近供应，建立主要农产品生产布局定期监测和动态调整机制。在优化发展区更好发挥资源优势，提升重要农产品生产能力；在适度发展区加快调整农业结构，限制资源消耗大的产业规模；在保护发展区坚持保护优先、限制开发，加大生态建设力度，实现保供给与保生态有机统一。完善粮食主产区利益补偿机制，健全粮食产销协作机制，推动粮食产销横向利益补偿。鼓励地方积极开展试验示范、农垦率先示范，提高军地农业绿色发展水平。推进国家农业可持续发展试验示范区创建，同时，成为农业绿色发展的试点先行区。

3. 完善农业资源环境管控制度

强化耕地、草原、渔业水域、湿地等用途管控，严控围湖造田、滥垦滥占草原等不合理开发建设活动对资源环境的破坏。坚持

最严格的耕地保护制度，全面落实永久基本农田特殊保护政策措施。以县为单位，针对农业资源与生态环境突出问题，建立农业产业准入负面清单制度，因地制宜地制定禁止和限制发展产业目录，明确种植业、养殖业的发展方向和开发强度，强化准入管理和底线约束，分类推进重点地区资源保护和严重污染地区治理。

4. 建立农业绿色循环低碳生产制度

在华北、西北等地下水过度利用区适度压减高耗水作物，在东北地区严格控制旱改水，选育推广节肥、节水、抗病新品种。以土地消纳粪污能力确定养殖规模，引导畜牧业生产向环境容量大的地区转移，科学合理划定禁养区，适度调减南方水网地区养殖总量。禁养区划定减少的畜禽规模养殖用地，可在适宜养殖区域按有关规定及时予以安排，并强化服务。实施动物疫病净化计划，推动动物疫病防控从有效控制到逐步净化消灭转变。推行水产健康养殖制度，合理确定湖泊、水库、滩涂、近岸海域等养殖规模和养殖密度，逐步减少河流湖库、近岸海域投饵网箱养殖，防控水产养殖污染。建立低碳、低耗、循环、高效的加工流通体系。探索区域农业循环利用机制，实施粮经饲统筹、种养加结合、农林牧渔融合循环发展。

5. 建立贫困地区农业绿色开发机制

立足贫困地区资源禀赋，坚持保护环境优先，因地制宜选择有资源优势的特色产业，推进产业精准扶贫。把贫困地区生态环境优势转化为经济优势，推行绿色生产方式，大力发展绿色、有机和地理标志优质特色农产品，支持创建区域品牌；推进一、二、三产融合发展，发挥生态资源优势，发展休闲农业和乡村旅游，带动贫困农户脱贫致富。

（二）强化资源保护与节约利用

1. 建立耕地轮作休耕制度

推动用地与养地相结合，集成推广绿色生产、综合治理的技术模式，在确保国家粮食安全和农民收入稳定增长的前提下，对土壤污染严重、区域生态功能退化、可利用水资源匮乏等不宜连续耕作的农田实行轮作休耕。降低耕地利用强度，落实东北黑土地保护制度，管控西北内陆、沿海滩涂等区域开垦耕地行为。全面建立耕地质量监测和等级评价制度，明确经营者耕地保护主体责任。实施土地整治，推进高标准农田建设。

2. 建立节约高效的农业用水制度

推行农业灌溉用水总量控制和定额管理。强化农业取水许可管理，严格控制地下水利用，加大地下水超采治理力度。全面推进农业水价综合改革，按照总体不增加农民负担的原则，加快建立合理农业水价形成机制和节水激励机制，切实保护农民合理用水权益，提高农民有偿用水意识和节水积极性。突出农艺节水和工程节水措施，推广水肥一体化及喷灌、微灌、管道输水灌溉等农业节水技术，健全基层节水农业技术推广服务体系。充分利用天然降水，积极有序发展雨养农业。

3. 健全农业生物资源保护与利用体系

加强动植物种质资源保护利用，加快国家种质资源库、畜禽水产基因库和资源保护场（区、圃）规划建设，推进种质资源收集保存、鉴定和育种，全面普查农作物种质资源。加强野生动植物自然保护区建设，推进濒危野生植物资源原生境保护、移植保存和人工繁育。实施生物多样性保护重大工程，开展濒危野生动植物物种调查和专项救护，实施珍稀濒危水生生物保护行动计划和长江珍稀特有水生生物拯救工程。加强海洋渔业资源调查研究能力建设。完善外来物种风险监测评估与防控机制，建设生物天敌繁育基地和关键区域生物入侵阻隔带，扩大生物替代防治示范技术试点规模。

（三）加强产地环境保护与治理

1. 建立工业和城镇污染向农业转移防控机制

制定农田污染控制标准，建立监测体系，严格工业和城镇污染物处理和达标排放，依法禁止未经处理达标的工业和城镇污染物进入农田、养殖水域等农业区域。强化经常性执法监管制度建设。出台耕地土壤污染治理及效果评价标准，开展污染耕地分类治理。

2. 健全农业投入品减量使用制度

继续实施化肥农药使用量零增长行动，推广有机肥替代化肥、测土配方施肥，强化病虫害统防统治和全程绿色防控。完善农药风险评估技术标准体系，加快实施高剧毒农药替代计划。规范限量使用饲料添加剂，减量使用兽用抗菌药物。建立农业投入品电子追溯制度，严格农业投入品生产和使用管理，支持低消耗、低残留、低污染农业投入品生产。

3. 完善秸秆和畜禽粪污等资源化利用制度

严格依法落实秸秆禁烧制度，整县推进秸秆全量化综合利用，优先开展就地还田。推进秸秆发电并网运行和全额保障性收购，开展秸秆高值化、产业化利用，落实好沼气、秸秆等可再生能源电价政策。开展尾菜处理、农产品加工副产物资源化利用。以沼气和生物天然气为主要处理方向，以农用有机肥和农村能源为主要利用方向，强化畜禽粪污资源化利用，依法落实规模养殖环境评价准入制度，明确地方政府属地责任和规模养殖场主体责任。依据土地利用规划，积极保障秸秆和畜禽粪污资源化利用用地。健全病死畜禽无害化处理体系，引导病死畜禽集中处理。

4. 完善废旧地膜和包装废弃物等回收处理制度

加快出台新的地膜标准，依法强制生产、销售和使用符合标准的加厚地膜，以县为单位开展地膜使用全回收、消除土壤残留等试验试点。建立农药包装废弃物等回收和集中处理体系，落实使用者妥善收集、生产者和经营者回收处理的责任。

（四）养护修复农业生态系统

1. 构建田园生态系统

遵循生态系统整体性、生物多样性规律，合理确定种养规模，建设完善生物缓冲带、防护林网、灌溉渠系等田间基础设施，恢复田间生物群落和生态链，实现农田生态循环和稳定。优化乡村种植、养殖、居住等功能布局，拓展农业多种功能，打造种养结合、生态循环、环境优美的田园生态系统。

2. 创新草原保护制度

健全草原产权制度，规范草原经营权流转，探索建立全民所有草原资源有偿使用和分级行使所有权制度。落实草原生态保护补助奖励政策，严格实施草原禁牧休牧轮牧和草畜平衡制度，防止超载过牧。加强严重退化、沙化草原治理。完善草原监管制度，加强草原监理体系建设，强化草原征占用审核审批管理，落实土地用途管制制度。

3. 健全水生生态保护修复制度

科学划定江河湖海限捕、禁捕区域，健全海洋伏季休渔和长江、黄河、珠江等重点河流禁渔期制度，率先在长江流域水生生物保护区实现全面禁捕，严厉打击"绝户网"等非法捕捞行为。实施海洋渔业资源总量管理制度，完善渔船管理制度，建立幼鱼资源保护机制，开展捕捞限额试点，推进海洋牧场建设。完善水生生物增殖放流，加强水生生物资源养护。因地制宜实施河湖水系自然连通，确定河道沙石禁采区、禁采期。

4. 实行林业和湿地养护制度

建设覆盖全面、布局合理、结构优化的农田防护林和村镇绿化林带。严格实施湿地分级管理制度，严格保护国际重要湿地、国家重要湿地、国家级湿地自然保护区和国家湿地公园等重要湿地。开展退化湿地恢复和修复，严格控制开发利用和围垦强度。加快构建退耕还林还草、退耕还湿、防沙治沙以及石漠化、水土流失综合生态治理长效机制。

（五）健全创新驱动与约束激励机制

1. 构建支撑农业绿色标准生产发展的科技创新体系

完善科研单位、高校、企业等各类创新主体协同攻关机制，开展以农业绿色标准生产为重点的科技联合攻关。在农业投入品减量高效利用、种业主要作物联合攻关、有害生物绿色防控、废弃物资源化利用、产地环境修复和农产品绿色加工贮藏等领域尽快取得一批突破性科研成果。完善农业绿色科技创新成果评价和转化机制，探索建立农业技术环境风险评估体系，加快成熟适用绿色技术、绿色品种的示范、推广和应用。借鉴国际农业绿色发展经验，加强国际间科技和成果交流合作。

2. 完善农业生态补贴制度

建立与耕地地力提升和责任落实相挂钩的耕地地力保护补贴机制。改革完善农产品价格形成机制，深化棉花目标价格补贴，统筹玉米和大豆生产者补贴，坚持补贴向优势区倾斜，减少或退出非优势区补贴。改革渔业补贴政策，支持捕捞渔民减船转产、海洋牧场建设、增殖放流等资源养护措施。完善耕地、草原、森林、湿地、水生生物等生态补偿政策，继续支持退耕还林还草。有效利用绿色金融激励机制，探索绿色金融服务农业绿色发展的有效方式，加大绿色信贷及专业化担保支持力度，创新绿色生态农业保险产品。加大政府和社会资本合作（PPP）在农业绿色发展领域的推广应用，引导社会资本投向农业资源节约、废弃物资源化利用、动物疫病净化和生态保护修复等领域。

3. 建立绿色农业标准生产体系

清理、废止与农业绿色发展不适应的标准和行业规范。制定修订农兽药残留、畜禽屠宰、饲料卫生安全、冷链物流、畜禽粪污资源化利用、水产养殖尾水排放等国家标准和行业标准。强化农产品质量安全认证机构监管和认证过程管控。改革无公害农产品认证制度，加快建立统一的绿色农产品市场准入标准，提升绿色食品、有机农产品和地理标志农产品等认证的公信力和权威性。实施农业绿色品牌战略，培育具有区域优势特色和国际竞争力的农产品区域公用品牌、企业品牌和产品品牌。加强农产品质量安全全程监管，健全与市场准入相衔接的食用农产品合格证制度，依托现有资源建立国家农产品质量安全追溯管理平台，加快农产品质量安全追溯体系建设。积极参与国际标准的制定修订，推进农产品认证结果互认。

4. 完善绿色农业标准生产法律法规体系

研究制定修订体现农业绿色标准生产发展需求的法律法规，完善耕地保护、农业污染防治、农业生态保护、农业投入品管理等方面的法律制度。开展农业节约用水立法研究工作。加大执法和监督力度，依法打击破坏农业资源环境的违法行为。健全重大环境事件和污染事故责任追究制度及损害赔偿制度，提高违法成本和惩罚标准。

5. 建立农业资源环境生态监测预警体系

建立耕地、草原、渔业水域、生物资源、产地环境以及农产品生产、市场、消费信息监测体系，加强基础设施建设，统一标准方法，实时监测报告，科学分析评价，及时发布预警。定期监测农业资源环境承载能力，建立重要农业资源台账制度，构建充分体现资源稀缺和损耗程度的生产成本核算机制，研究农业生态价值统计方法。充分利用农业信息技术，构建天空地数字农业管理系统。

6. 健全农业人才培养机制

把节约利用农业资源、保护产地环境、提升生态服务功能等内容纳入农业人才培养范畴，培养一批具有绿色发展理念、掌握绿色生产技术技能的农业人才和新型职业农民。积极培育新型农业经营主体，鼓励其率先开展绿色生产。健全生态管护员制度，在生态环境脆弱地区因地制宜增加护林员、草管员等公益岗位。

（六）落实保障措施

1. 落实领导责任

地方各级党委和政府要加强组织领导，把农业绿色发展纳入领导干部任期生态文明建设责任制内容。农业部要发挥好牵头协调作用，会同有关部门按照本意见的要求，抓紧研究制订具体实施方案，明确目标任务、职责分工和具体要求，建立农业绿色发展推进机制，确保各项政策措施落到实处，重要情况要及时向党中央、国务院报告。

2. 实施农业绿色标准生产发展全民行动

在生产领域，推行畜禽粪污资源化利用、有机肥替代化肥、秸秆综合利用、农膜回收、水生生物保护以及投入品绿色生产、加工流通绿色循环、营销包装低耗低碳等绿色生产方式。在消费领域，从国民教育、新闻宣传、科学普及、思想文化等方面入手，持续开展"光盘行动"，推动形成厉行节约、反对浪费、抵制奢侈、低碳循环等绿色生活方式。

3. 建立考核奖惩制度

依据绿色发展指标体系，完善农业绿色发展评价指标，适时开展部门联合督查。结合生态文明建设目标评价考核工作，对农业绿色发展情况进行评价和考核。建立奖惩机制，对农业绿色发展中取得显著成绩的单位和个人，按照有关规定给予表彰，对落实不力的进行问责。

四、农业绿色标准生产发展的创新点和支持体系

（一）农业绿色标准生产发展的创新点

从当地农业的发展水平和资源条件出发，在充分分析国内外市场的前提下，运用现代高新技术改造传统农业，实现农业绿色发展可从以下 5 个方面进行创新：即技术创新、结构创新、融资创新、组织创新和生态循环创新。

1. 技术创新

把高新技术融入到农业中去，就是要使高新技术向农业的产前、产中和产后领域渗透和扩散，使之形成新型农业产业。

（1）融入产前领域。以品种改良为重点，结合良种繁育与成果转化应用产业化工程的实施，充分利用农业科技人才和技术，把转基因技术、细胞工程技术、胚胎移植技术等高新技术向农业的产前领域扩散，形成优质种子、种苗、种畜、种禽产业。

（2）向产中领域渗透。把高新技术向产中领域渗透，主要是推动种植、养殖业的结构调整和高新技术转化应用，完善农产品生

产标准化体系，发展高效集约型种植与养殖业生产。如名优特农作物生产或畜禽养殖、特色林果生产、无公害反季节蔬菜生产、特色花卉栽培以及优质农畜产品加工生产等。

（3）向产后领域扩散。把高新技术向农业的产后领域扩散，形成农畜产品精深加工产业，延长农业产业链条，增加农产品附加值，促使农产品满足市场消费不断变化的需求。如名优特绿色食品加工等。

2. 结构创新

运用高新技术促进农业结构调整，重点是将资源依托型的农业发展成科技依托型农业，优化资源配置，实现农业高产、优质和高效。

（1）运用高新技术调整与创新农业结构的原则。农业结构调整与创新是一项较复杂的系统工程，把高新技术运用其中，一般应把握以下几个原则。

一是整体最大效益原则：即经济效益、社会效益、生态效益宏观上均要争取最大化，同时，要兼顾产业结构调整过程中的短期利益与中长期利益，因地制宜，科学地确立农业经济结构调整中的目标。

二是市场导向原则：在农业结构创新与调整中，应坚持以市场为导向，依据市场需求结构的变化确定产业结构调整方向，逐步实现为卖而产，为用而产，为富而产。由于产业结构调整通常滞后于市场需求结构调整，还要注重培育并挖掘市场潜在需求，以抢占先机。

三是资源优化配置原则：农业经济结构调整优化的过程实际上是农业生产资源要素合理组合的过程，资源是否能优化配置，是衡量产业结构构建合理与否的基本指标。

四是科技先行原则：科技进步是社会与经济发展的重要源泉，也是农业结构创新与调整的重要支撑条件。因此，结构调整必须建立在科技支撑的基础上。

五是农民自主自愿原则：在结构创新与调整中，还要坚持以农民为主体，把主动权交给农民，充分尊重农民的意愿，把调整结构变成农民的自觉行动，但政府要做好指导、示范、协调和服务作用。

（2）运用高新技术创新农业结构的重点内容。应主要包括创新与调整农业的功能结构、产业结构、产品结构、技术结构、区域结构和市场结构等内容。

（3）运用高新技术创新农业结构应当注意的问题。主要包括粮食安全问题、水资源科学合理开发利用问题、生态环境建设与经济效益问题、技术储备问题等。

3. 融资创新

即建立多元化的融资渠道和风险投资体系。农业绿色发展需要大量的资金，没有充裕的资金支持将会影响到农业绿色发展速度和发展效果。根据国内外建立现代绿色农业科技示范园区的经验，投融资渠道一般有以下几个。

（1）政府投资。主渠道是中央财政的扶持性投资，积极争取中央各部委和当地各级政府财政农业项目资金，搞好现代农业项目建设。如绿色农业示范区项目、无公害农产品生产项目等。

（2）借贷资金。主要是从农业银行等国内商业银行以及农村信用社等金融机构获得的贷款资金。可以以土地、房屋、园区设施等固定资产，作为向银行申请贷款的抵押担保，获取借贷资金。

（3）吸引国内外相关企业和个人投资。通过政府为绿色现代农业项目实施制定相关的优惠政策，形成较为宽松的投资环境，吸引国内外农业相关企业、民营企业、科研单位和个人进行投资开发，实践、转化和创新农业高新技术成果，解决现代农业建设和运营所需资金。

（4）风险投资。所谓风险投资，是一种机会投资行为。它专指把资金投向既有巨大赢利可能，又有失败危险的研究开发领域的一种投资行为。农业绿色发展建设的风险投资，旨在加快农业绿色发展进程，促使农业高新技术成果尽快商品化，获得高资本收益。其组成部分一般包括风险资本、风险投资公司和风险投资企业。

总之，从当地实际出发，运用高新技术改造传统农业，实现农业绿色发展，必须采取有效措施，多种方式多种渠道获得资金投入；同时，还要注重区域综合开发，多种渠道资金有机融合投入，建立符合当地自身实际的投融资创新体系，以确保各地农业绿色发展建设项目的实施和效益发挥。

4. 组织创新

即发展农业产业化经营和农民专业合作经济组织。农业产业化经营是改造传统农业、实现农业绿色发展的一种有效途径，也是新形势下农业发展要求的高效农业经营方式。农业产业化经营不仅有利于当前的农业结构调整和增加农民收入，而且是现代化农业的基础和前提。没有农业企业化就不可能实现农业现代化和农业绿色发展，依靠现代农业高新技术改造传统农业必须充分发挥农业产业化经营对农业发展的促进作用。

农业产业化经营要发挥生产社会化、专业化、贸工农和农科教一体化的协同优势，全面提高人力资源素质和生产经营的整体素质，将实用有效的科学技术普遍应用于农业生产经营的各个环节，从而提高农产品的科技含量，加快农业产业的升级和转型，促进其向现代农业转变。目前，解决小规模与大市场的一个有效办法是大力发展新型农民经济组织，尽快形成经营规模，小规模的农户借助于专业合作组织的配套服务，尽可能地扩大生产能力，形成区域规模和产业规模，获得规模效益；同时，专业经济合作组织也能获得均衡稳定的货源和优质原料，这种聚合规模和利益机制，正是为专业化生产采用现代科学技术、现代生产工艺、现代化机器设备开辟了广阔可行的渠道。所以，发展专业经济合作组织有助于形成一种高起点、高速度和高效益的新型现代化科技成果转化应用及示范推广体系。

5. 生态循环创新

即发展生态科技农业。目前，各地农业生态环境基础都比较脆弱，在改造传统农业的过程中，必须注重生态循环创新，大力发展生态循环型科技农业，要优先发展绿色农业、环境农业、有机农业和无公害、无污染安全农产品生产。要重点建设生态农业工程，同时，加快生态观光农业、特色农业的发展，有条件的地方还要加快绿色农业和绿色食品发展战略，不断完善绿色农业示范区建设，着力发展种植、养殖、沼气等良性循环农业生产模式，建立健全绿色农业生产标准体系和监督检验体系，把农业生产融入到自然生态环境中去。

(二) 农业绿色标准生产发展的支持体系

政府职能的发挥对于加快农业绿色发展起着至关重要的作用，但在市场经济条件下，农业生产者、消费者和其他市场参与者都是农业绿色发展的主体，实践证明，建立政策、科技、资金等各方面必要的支持体系才能有利于农业绿色发展。

1. 建立农业绿色标准生产发展政策支持体系

可持续发展的要旨是正确处理世代之间平等分配，这也是农业绿色发展的立足点。对此，要加强资源保护及农业资源综合立法。对自然资源实行资产化管理。制定完善的支持政策，建立农业绿色发展政策体系。强化生态意识，依法保护和改善生态环境，坚决制止破坏生态环境的行为。大搞植树造林，扩大绿色植被面积，提高森林覆盖率，不断改善大气环境，牢固树立"绿水青山就是金山银山"的理念。加强土壤环保，减少化肥、农药等污染。把农业绿色发展与生态环境、资源的永续利用有机地结合起来。

2. 建立农业绿色标准生产发展科技支持体系

要鼓励和支持有关单位的科技人员研究农业绿色发展技术，开发新技术、新产品、转化科技成果。应重点在以下几个方面进行开发：一是开展品种资源的改良，开发高产、优质、抗病虫的新品种，加快绿色食品生产技术的配套与推广。二是开展绿色食品生产施肥技术的推广与应用。三是加强病虫害的预测预报工作，开展以农业防治、物理防治、生物防治为重点的病虫害综合防治技术的推广与应用。四是开展绿色农业产品加工工艺的引进和应用。五是制定绿色农业相关标准。重点是要在生产、加工、贮藏与运输等方面制定技术规程，推进绿色农业标准化。通过研究配套和完善生产技术，为农业绿色发展提供技术支撑。

3. 建立农业绿色标准生产发展资金支持体系

农业绿色标准生产发展，提供绿色食品，是一项任务艰巨、投资巨大的系统工程，增加投入是农业绿色发展得以顺利实施的重要支撑。为此，必须按照市场经济发展的要求，建立多渠道、多层次、多方位、多形式的投入机制，尽快建立和完善农业、林业、水保基金制度；水土保持设施、森林生态效益、农业生态环境保护补偿制度；海域使用有偿制度等。财政支持是使绿色农业健康发展的基础，各级财政都要安排专项资金进行支持。同时，积极拓宽投融资渠道，鼓励工商企业投资发展绿色农业，逐步形成政府、企业、农民共同投入的机制。并鼓励和扶持市场前景好、科技含量高、已形成规模效益的绿色农产品企业上市，从而加速和推进农业绿色发展。

4. 建立农业绿色标准生产发展产业化经营支持体系

绿色食品加工企业是农民进入市场的主体，也是新型市场竞争的主体。绿色食品品种繁多，要从各地实际出发，注意优先选择资源优势明显，市场竞争力强的产品集中进行开发，培植名牌，扩大规模，形成优势。尤其要把增强绿色食品骨干加工企业的带动能力和市场竞争力作为发展绿色食品产业的重中之重。

5. 建立绿色农产品市场消费支持体系

培育绿色食品消费体系也是促进农业绿色发展一个重要方面：一是要建设绿色食品市场，开展绿色食品批发配送，并开辟绿色食品网上市场，建立绿色食品超市，开展绿色食品的出口贸易和绿色食品生产资料的营销等。二是要围绕绿色农产品原料生产基地和加工基地，建设一批辐射能力强的批发市场。三是要强化对绿色农产品的宣传力度，普及绿色农业知识，提高全社会对绿色农产品的认知水平，畅通绿色农产品的消费渠道。四是要组织实施绿色农产品名牌战略，鼓励各类企业创立名牌，增大绿色农产品在国内外的知名度，进一步提高其市场占有率。五是要密切跟踪农产品国际标准的变化，加强国际市场信息的搜集与分析工作，针对国际贸易中的技术壁垒，建立预警机制，以便及时应对。

第二章 农业绿色标准化生产的增效措施与关键技术

第一节 农业绿色标准化生产的增效措施

一、种植业增效措施

种植业生产是农业生产的第一个基本环节，也称第一个"车间"。绿色植物既是进行生产的机器又是产品，它的任务是直接利用环境资源转化固定太阳能为植物有机体内的化学潜能，把简单的无机物质合成为有机物质。在安排农作物生产时，应综合考虑当地的农业自然资源，因地制宜，根据最新农业科学技术优化资源配置，对农田、果树、林木、饲草等方面合理区划，综合开发发展。当然人类对农作物主产品—粮食需求是第一位的。种植业生产中粮食生产是主体部分，应优先发展，在保证粮食安全的前提下，才能合理安排其他种植业生产。

（一）粮食生产

粮食生产是农业生产最基本的功能，漫长的农业发展历史的主要内容也是粮食生产。"国以民为本，民以食为天"，粮食生产在农业生产中永远是第一位的，必须优先安排，确保安全。只有在粮食生产安全的前提下，才能发展其他生产，发挥农业多功能作用，人民才能有幸福感。

1. 坚定不移地搞好粮食生产，保证粮食安全，以粮食安全发挥多功能增效作用

粮食生产是农业生产的基础，关系到国计民生，在我国农业取得举世瞩目成就的同时，我国也迎来了前所未有的农产品丰足时代，结束了长期经历的"饥饿时代"，进入了"饱食时代"。这是现代农业科技进步的必然结果，也是我国历史上农业发展的重大转折。然而，常规粮食生产效益较低，粮食产区农民增收困难，种粮积极性受到了不同程度的影响，致使粮食生产基础依然脆弱，新形势下新问题的出现促使我们必须对粮食安全生产有新的思考。

（1）对粮食生产的回顾以及近年来生产情况分析。新中国成立以来，粮食生产主要经历了3个历史性发展阶段。

第一阶段是从新中国成立初期至20世纪80年代初期，属数量增长性阶段。这一阶段粮食生产的主要特点是以促进国民经济的恢复性增长和解决长期困扰人民的温饱问题为主要目标。由于生产力水平和科技水平比较落后，粮食产品长期短缺，除一部分粮食上交国家支援国家建设或作为战略贮备外，剩余部分不能很好地满足人们的基本生活需要，人均占有粮食在需要线（350kg/人·年）以下。

第二个阶段是20世纪80—90年代，属品种结构调整阶段。这一阶段，随着政策的调整、落实和经济体制的改革，农业科学技术水平的提高和投入的不断增加，农业生产力得到较快发展，粮食生产也得到快速增长，首先克服了粮食长期短缺的问题，使人均占有粮食在需要线以上，再由以粗粮为主过渡到以细粮为主。同时，这一阶段粮食储存也得到逐步积累。

第三个阶段是进入21世纪以来，属粮食供需相对过剩阶段。近年来，随着粮食生产能力的提高，过剩性积累逐步增加以及"买方"市场的逐步形成，使粮食生产效益下跌。一方面一些粮食主产区每年人均粮食产量维持在800kg以上，人均消费按需求线350kg计算（其中，直接需要按230kg/人·年，肉、奶、蛋转化需要按120kg/人·年计算），占生产量的43.8%；剩余56.2%需要找销路销售；另一方面全国粮食生产增长缓慢，加上人均粮食消费不断增长，粮食供需平衡形势不容乐观，需要抓紧构建新形势下的国家粮食安全战略。

把饭碗牢牢端在自己手上，是治国理政必须长期坚持的基本方针。综合考虑国内资源环境条件、粮食供求格局和国际贸易环境变化，实施以我为主、立足国内、确保产能、适度进口、科技支撑的国家粮食安全战略。任何时候都不能放松国内粮食生产，严守耕地保护红线，划定永久基本农田，不断提升农业综合生产能力，确保谷物基本自给、口粮绝对安全。更加积极地利用国际农产品市场和农业资源，有效调剂和补充国内粮食供给。在重视粮食数量的同时，更加注重品质和质量安全；在保障当期供给的基础上，更加注重农业可持续发展。同时，加大力度落实粮食安全责任与分工，在主销区也要确立粮食面积底线、保证一定的口粮自给率。增强全社会节粮意识，在生产流通消费全程推广节粮减损设施和技术。

（2）目前种植业生产经营中特别是粮食生产经营中存在的问题。必须看到，我国农业已经发生了历史性的转折，一方面社会进入"饱食时代"与"饥饿时代"对食品要求不同；另一方面经济体制改革也进入了一个与原来模式具有质的变化阶段，目前我国经济体制已经步入了市场经济的快车道。以上2个方面的变化就决定了农业生产经营（包括粮食生产经营）必须从追求数量型迅速转变为追求质量效益型，必须从农业经营效益的角度出发去计划生产和管理生产，单一追求数量型的过剩生产将成为农业和农业生产者的一个负担。在新的形势下农业如何进一步向生态化方向发展？粮食生产能力如何保持？农民如何切实走上富裕之路？已成为大家特别关心的问题，也是迫切需要解决的问题。初步分析在种植业生产经营中主要存在如下问题。

①生产者缺乏企业化经营意识和营销知识：农业之所以在解决了增产问题后却迟迟不能增收，一个很大的原因就是生产者普遍缺

乏经营意识和市场营销素质，在新阶段、新形势下，农民首先是经营者，其次才是生产者，这一点在农业生产能力进入供过于求的时代尤为重要。可惜的是大多数农业生产者缺乏经营和营销素质，以致在生产上出现了很多盲目生产的现象，盲目地追求什么产品价格高就种啥，"一哄而上"，该产品稍微满足一定市场容量后，就进行无组织地低价倾销（不考虑成本的低价倾销），形成自残式竞争，最终结果是"一哄而下"，出现了什么作物产品价格高就盲目发展什么作物，发展了什么作物什么作物的产品价格就低，大多数农户得不到较高的生产效益，形成了恶性循环局面。

②存在着小规模生产难以应付大市场变化的问题，没有规模效益：任何现代产业都必须在竞争中生存和发展，农业生产也不例外，我国目前农业不仅存在国内市场的压力，也面临着前所未有的世界范围内的竞争，不容乐观的是我国粮食产品价格已经没有竞争的优势。一方面由于经营规模小在产品销售中很难获得规模效益，甚至还很容易出现自残式的倾销竞争，损失正常效益，使产品的效益下降；另一方面由于经营规模小，投入重复浪费现象严重，使生产成本相对增加，投入不能很好地发挥效益。

③科技水平落后，产品质量差，缺乏标准化管理：我国农业虽然拥有传统的精耕细作经验，但目前大多数农业生产者现代化农业科技水平偏低，加上农业科研与推广应用脱节，致使农业科技成果转化慢，转化率低，如在施肥、灌水、病虫害防治等领域还存在着较大的利用率和效率低等问题，也是造成成本高的一个重要因素。另外，现有的栽培技术大多都是围绕作物高产而研究制定的，缺乏对优质和标准化配套技术的研究，以致我国的产品质量较差，达不到市场标准要求，不能适应农业发展的需要。

④产业化水平低，获得的附加值少：长期以来，在粮食主产区主要销售方式是买原粮，缺乏产业化深加工能力，获得粮食生产的附加值很少，使粮食生产缺乏后劲，生产能力不能很好地提高。

⑤农产品特别是粮食市场调控制度和价格形成机制需要进一步

完善：主要粮食产品最低保护价政策已很难调动农民的种粮积极性，一般农产品市场不稳，价格起伏较大，"卖难"与"买贵"现象同时存在，生产的盲目性较大，订单生产较少。

（3）对提高粮食综合生产能力的看法。

①加大政府扶持力度，提升粮食生产能力。

②采取最严厉的措施保护耕地，并不断提高耕地质量：粮食安全的根本在耕地，关键在耕地质量。耕地是粮食生产的最基本生产资料，必须保持一定数量粮食种植面积，才能保证粮食安全。同时，还要采取综合技术措施不断培肥地力，提高耕地质量，进一步提高粮食生产能力。

③加速实施粮食产业化工程，克服目前多数农户"盲目与无奈"的生产局面：面对国内、国际两个市场压力，必须加速实施粮食产业化工程，尽快扭转"盲目与无奈"的被动生产局面，提高粮食生产效益，从而提升和保持粮食生产能力。

④依靠科技进步，提高粮食生产效益：根据目前市场行情与生产水平，要提高粮食生产效益，必须依靠科技进步，走节约成本和提高产品质量带动价格提升的途径，在节约成本的基础上，向质量要效益，向深加工要附加值，以满足人们丰富生活的需要。要深化"小麦—玉米、小麦—花生、小麦—棉花、小麦—瓜菜"种植模式和综合成套栽培技术的研究等。

⑤社会有关部门互动，夯实粮食生产基础：有关单位和部门都要把思想统一到现代农业发展上来，紧紧围绕粮食增产、农业增效、农民增收这一总体目标要求，相互配合，齐心协力夯实我国粮食生产基础。土地部门要严格落实耕地保护政策、严格控制耕地占用，确保基本农田面积稳定。水利部门要加强农田水利基本设施建设，建成更多的旱涝保收田。农业农村部门要以建设高标准粮田、打造粮食核心产区为目标改造中低产田。农机部门要推进农机化进程，提升农业装备现代化程度。

（4）完善国家粮食安全保障体系。

①抓紧构建新形势下的国家粮食安全战略：把饭碗牢牢端在自己手上，是治国理政必须长期坚持的基本方针。综合考虑国内资源环境条件、粮食供求格局和国际贸易环境变化，实施以我为主、立足国内、确保产能、适度进口、科技支撑的国家粮食安全战略，不断提升农业综合生产能力，确保谷物基本自给、口粮绝对安全。更加积极地利用国际农产品市场和农业资源，有效调剂和补充国内粮食供给。在重视粮食数量的同时，更加注重品质和质量安全；在保障当期供给的同时，更加注重农业可持续发展以及增强全社会节粮意识，在生产流通消费全程推广节粮减损设施和技术。

②完善粮食等重要农产品价格形成机制：继续坚持市场定价原则，探索推进农产品价格形成机制与政府补贴脱钩的改革，逐步建立农产品目标价格制度，在市场价格过高时补贴低收入消费者，在市场价格低于目标价格时按差价补贴生产者，切实保证农民收益。

③健全农产品市场调控制度：综合运用储备吞吐、进出口调节等手段，合理确定不同农产品价格波动调控区间，保障重要农产品市场基本稳定。科学确定重要农产品储备功能和规模，强化地方尤其是主销区的储备责任，优化区域布局和品种结构。完善中央储备粮管理体制，鼓励符合条件的多元市场主体参与大宗农产品政策性收储。进一步开展国家对农业大县的直接统计调查，编制发布权威性的农产品价格指数。

④合理利用国际农产品市场：抓紧制定重要农产品国际贸易战略，加强进口农产品规划指导，优化进口来源地布局，建立稳定可靠的贸易关系。

⑤强化农产品质量和食品安全监管：建立最严格的覆盖全过程的食品安全监管制度，完善法律法规和标准体系，落实地方政府属地管理和生产经营主体责任。支持标准化生产、重点产品风险监测预警、食品追溯体系建设，加大批发市场质量安全检验检测费用补助力度。

总之，粮食作为人们生存的基础物资有其十分重要的特殊作用，历来受到政府的高度重视和保护。在近阶段农业生产特别是粮食生产是一个弱质产业，自身效益很低，但社会效益很大，在WTO规则允许的范围内，政府要重点扶持粮食主产区粮食生产，加强粮食生产基地建设，以保护粮食的综合生产能力。同时，粮食生产应尽快转变经营管理机制，适应市场经济发展要求。市场经济是一个有高度组织的经济体制，不是谁想干啥就干啥，谁想怎么干就怎么干，根据市场经济的观点和发达国家的经验，实现农业生产产业化经营才是现代化农业的发展方向，要实现产业化经营，经营企业化是基本条件，生产集约化是发展动力，产品标准化是基础。必须按市场经济要求尽快试验探讨规模化企业化生产经营的新方法、新路子，不论采取什么样的形式或方式，在坚持以家庭承包经营的基础上，要使农民之间形成一个利益共同体去进行企业化规模经营，只有这样才能不断增加市场竞争力，保持可持续发展的趋势。另外，还要尽快实现产品标准化生产，因为产品标准化才是农业产业化经营和农产品进入现代市场营销的基础。农业科研和技术推广部门要尽快同生产者一道研究和推广应用与产品标准化相关的技术措施，为产业化生产经营服好务。

2. 建立粮食生产功能区和重要农产品生产保护区，确保粮食安全

虽然我国实现了粮食连年丰收，重要农产品生产能力不断增强。但是，我国农业生产基础还不牢固，工业化、城镇化发展和农业生产用地矛盾不断凸显，保障粮食和重要农产品供给任务仍然艰巨。为优化农业生产布局，聚焦主要品种和优势产区，实行精准化管理，国家提出了建立粮食生产功能区和重要农产品生产保护区意见，各地要认真执行。

要全面贯彻党的十八大和十八届三中、四中、五中、六中全会精神，深入贯彻习近平总书记系列重要讲话精神和治国理政新理念新思想新战略，认真落实党中央、国务院决策部署，统筹推进"五位一体"总体布局和协调推进"四个全面"战略布局，牢固树

立和贯彻落实创新、协调、绿色、开放、共享的发展理念，实施藏粮于地、藏粮于技战略，以确保国家粮食安全和保障重要农产品有效供给为目标，以深入推进农业供给侧结构性改革为主线，以主体功能区规划和优势农产品布局规划为依托，以永久基本农田为基础，将"两区"细化落实到具体地块，优化区域布局和要素组合，促进农业结构调整，提升农产品质量效益和市场竞争力，为推进农业现代化建设、全面建成小康社会奠定坚实基础。

（1）坚持底线思维、科学划定。按照"确保谷物基本自给、口粮绝对安全"的要求和重要农产品自给保障水平，综合考虑消费需求、生产现状、水土资源条件等因素，科学合理划定水稻、小麦、玉米生产功能区和大豆、棉花、油菜籽、糖料蔗、天然橡胶生产保护区，落实到田头地块。

（2）坚持统筹兼顾、持续发展。围绕保核心产能、保产业安全，正确处理中央与地方、当前与长远、生产与生态之间的关系，充分调动各方面积极性，形成建设合力，确保农业可持续发展和生态改善。

（3）坚持政策引导、农民参与。完善支持政策和制度保障体系，充分尊重农民自主经营的意愿和保护农民土地的承包经营权，积极引导农民参与"两区"划定、建设和管护，鼓励农民发展粮食和重要农产品生产。

（4）坚持完善机制、建管并重。建立健全激励和约束机制，加强"两区"建设和管护工作，稳定粮食和重要农产品种植面积，保持种植收益在合理水平，确保"两区"建得好、管得住，能够长久发挥作用。

3. 稳定和调整粮食作物种植面积和结构

根据粮食生产功能区划定目标和目前实际情况，对粮食作物生产要种植面积和产量稳定，进一步提升综合生产能力；优质品种应用率保持在较高水平，努力节本增效；培育知名品牌和优势特色品牌，同时，其精深加工产品的水平和档次明显提高，促使经济、社会和生态效益全面提升，促进粮食产业的转型升级。

（1）主要粮食作物小麦和水稻应稳定面积，调优品种，确保粮食安全。小麦和水稻是人们生活的主粮，也是旱地和水田的主要粮食作物，要优先保证生产，满足人们生活的需要，才能考虑发展其他作物。随着人们生活水平的提高，种植优质专用品种将是今后一个时期发展方向。

针对不同区域生产条件和不同品种特性，实行一个品种对应一套生产技术，一个模式对应一套技术规程，提高标准化生产水平。通过优化技术模式，推进种地养地结合、种植养殖结合、农机农艺融合，全面提升小麦和水稻生产的科技支撑能力，实现"藏粮于技"。

（2）玉米作物应调减面积，优化布局，向鲜食玉米和饲料玉米等专用化方向发展。玉米作物产量高，且营养丰富，用途广泛。它不仅是食品和化工工业的原料，还是"饲料之王"，对畜牧业的发展有很大的促进作用。但玉米作物耗水费肥，消耗资源较大，目前应调减干旱及不适宜种植玉米地区的种植面积，同时，还要在适宜种植玉米的地区压缩普通玉米种植面积，逐步扩大鲜食的糯玉米与水果玉米以及高油与饲料专用玉米的种植面积。

（3）小杂粮作物向主粮化、加工多样化和特色养生提高品质等方向发展。小杂粮作物包括两薯（甘薯和马铃薯）、四麦（荞麦、大麦、燕麦和青稞麦）、五米（高粱、谷子、糜子、薏苡和黑玉米）、九豆（豌豆、菜豆、扁豆、赤豆、黑豆、蔓豆、蚕豆、绿豆和豇豆）。小杂粮作物内在品质优，富含多种营养成分，具有较好的药用保健价值和养生作用。如两薯具有和胃调中，健脾益气的功效；荞麦是糖尿病患者的保健品；绿豆是清凉解毒的食品；红小豆有补血作用等。小杂粮作物食用风味独特，粮菜兼用，老少皆宜健身长寿，能满足不同人群的需求。同时，还有抗逆性强、适应性广、自身生产成本低等优点，有着不可替代的作用。

甘薯和马铃薯向主粮化和加工多样化方向发展，改善人们膳食结构，提升人民生活水平。甘薯和马铃薯同是高蛋白、低脂肪、富淀粉的粮食作物，也是重要的蔬菜和原料作物，更是高产稳产粮食作物；具有适应性广，抗逆性强，耐旱，耐瘠，病虫害较少的特点。并且营养价值较高，具有特殊的保健作用，属"准完全食品"，对改善人们膳食结构，调剂人民生活有重要作用。同时，作为工业原料、饲料原料和食品加工原料，加工用途广泛，对发展工业和促进农业良性循环具有重要作用，应向主粮化发展。其他小杂粮作物向特色养生提高品质等方向发展。

由于甘薯和马铃薯是无性繁殖，病毒病在体内易积累影响产量，种薯脱毒、贮藏、脱毒种苗繁育等环节技术水平要求较高；种植环节机械化水平较低；产品加工环节技术落后原始，规模较小；加上各环节整体社会化服务滞后等原因，目前影响了该2种作物作为优势产业发展。

甘薯我国每年种植面积在 600 万 hm² 左右，年生产量约 1.2 亿 t，占世界总产量的 85.9%，并且近年来随着甘薯产业基地的建设，其栽培面积呈加倍上升趋势。但我国任何种植区把甘薯作为优势特色产业来发展都不具有地域优势，也没有技术垄断优势，加上直接食用和饲料需求增产幅度不大，各类优质淀粉、粉丝、粉皮的原料发展空间也不大，用来加工其他食品的前景也不易乐观。所以，都存在种植业结构的雷同性和发展的盲目性。甘薯产业大规模发展的主要动力在工业深度加工方面：一方面可用甘薯加工生产某些氨基酸和有机酸，如谷氨酸钠和食品酸味剂、柠檬酸等，还可生产可降解生物塑料等；另一方面随着石油供给形势的日益严峻，生物质能源的开发利用受到世界各国的高度重视，而甘薯是生产乙醇汽油的理想原料。所以，发展甘薯产业：一是要统筹兼顾，协调发展。即根据甘薯的各种用途、生产现状、产品特点和国内外需求，立足全国市场，着眼世界市场统筹兼顾、协调、协商发展，正确处理好规模和效益间的关系，保障甘薯产业持续、稳定、健康、协调发展。二是要加强生产基地建设，进行标准化生产。即要精选品种，推行标准化、模式化、机械化栽培技术。三是要搞好鲜食储藏和食品多样化加工。四是要做好工业化深加工。

我国是马铃薯生产大国，但还远远算不上马铃薯生产强国。我国现有马铃薯主产区多为耕地较为贫瘠、农业生产条件较差的山区或干旱、半干旱，生产规模小而分散一，生产方式粗放，基本采用手工操作方式，机械化水平低，种植和收获劳动强度大，效率低，落后的生产方式导致马铃薯生产成本偏高，比较优势发挥不充分。同时，优质高效的栽培技术和病虫害防治技术推广不便或成本较高，造成单产水平较低，远低于发达国家水平：在马铃薯储藏方面，主要以农户分散储藏为主，设施简陋、储藏量小、损耗大，不利于马铃薯长期、大量的有效市场供应，也增加了马铃薯的生产成本。同时，脱毒种薯生产滞后，供应不足，并且各种专用型品种，尤其加工品种奇缺，用于加工薯片、薯条和全粉品种较少，专用薯供应比例低，不能满足产业发展需要。另外，我国马铃薯种薯生产基本处于一种自发无序状态，种薯培育、生产、销售和技术管理缺乏组织性和规范性，需要建立安全有序的质量管理监测制度和统一的种薯质量分级标准。根据全国市场供应情况，目前中原地区早春设施栽培生产效益较好。

谷子抗旱性强，耐瘠，适应性广，生育期短，是很好的防灾备荒作物。在其米粒中脂肪含量较高，并含有多种维生素，所含营养易于被消化吸收。谷子浑身是宝，谷草是大牲畜的良好饲草，谷糠是畜禽的良好饲料。随着亚临界萃取技术的普及，谷糠油也是一种良好的食用油。谷子栽培当前需要解决精量播种与化学除草和机械化收获以及鸟害等技术问题，才能有较好的发展。

绿豆属豆科豇豆属作物，原产于亚洲东南部，在中国已有2 000多年的栽培历史。绿豆适应性广，抗逆性强，耐旱、耐瘠、耐荫蔽，生育期较短，适播期较长，并有固氮养地能力，是禾谷类、棉花、薯类等作物间作套种的理想作物和良好前茬作物。其主产品用途广泛，营养丰富，深加工食品在国际市场上备受青睐；副产物秧蔓和荚壳又是良好的饲料，所以，绿豆在农业种植结构调整和高产、优质、高效生态农业循环中具有十分重要的作用。

（二）瓜菜经济作物生产

在保证粮食生产安全的前提下，才能合理规划经济作物生产。经济作物也称"工业原料作物""技术作物"，一般指为工业，特别是指为轻工业提供原料的作物。我国纳入人工栽培的经济作物种类繁多，包括纤维作物（如棉、麻等）、油料作物（如芝麻、花生等）、糖料作物（如甘蔗、甜菜等）、三料（饮料、香料、调料）作物、药用作物、染料作物、观赏作物、水果和其他经济作物等。经济作物通常具有地域性强、经济价值高、技术要求高、商品率高等特点，对自然条件要求较严格，宜于集中进行专门化生产。经济作物生产的集约化和商品化程度较高，综合利用的潜力很大，要求投入较高的人力、物力和财力。因此，必须注意解决好经济作物和粮食作物争地、争劳力、争资金的矛盾以及收购政策、价格政策、奖售政策、生产机械化程度提高等问题，促进经济作物的发展。

1. 瓜菜产业的作用与意义

瓜菜产业是我国仅次于粮食业的大产业，瓜菜生产在我国农业生产中占有重要的地位，它是现代农业的重要组成部分，也是劳动密集型产业。瓜菜产业的不断发展，对保障市场供给、增加农民收入、扩大劳动就业、拓展出口贸易等方面具有显著的积极作用；是实现农民增收、农业增效、农村富裕的重要途径。

传统的瓜菜生产同其他农作物生产一样，受外界气候和季节的严格限制。由于多种瓜菜质地柔嫩、含水量大，不耐储藏，加上人们鲜食的习惯，所以，食用时间受到生产供应的强烈制约，这种制约在冬天寒冷季节的表现更为突出。随着我国经济的迅速发展，人民生活水平的不断提高，城市规模的不断扩大，特别是城市人口的迅速增加，对日常生活必需品—蔬菜的质和量也提出了更高的要求，其品种趋于多样化，要求能做到四季供应，淡季不淡。瓜菜是人民生活中不可缺少的副食品，人们要求周年不断供应新鲜、多样的瓜菜产品，仅靠露地栽培是很难达到目的的，虽然冬季露地能生产一些耐寒蔬菜，但种类单调，若遇冬季寒潮或夏秋暴雨，连绵阴雨等灾害性天气，则早春育苗和秋冬蔬菜生产都可能会受到较大的损失，影响蔬菜的供应。所以，借助一定的设施进行瓜菜生产，可促进早熟、丰产和延长供应期，满足消费者一年四季吃上新鲜蔬菜的要求。

设施瓜菜产业是种植业的一个重要增效方式。设施瓜菜也称为反季节瓜菜、保护地瓜菜，是在不适宜瓜菜生长发育的寒冷或炎热的季节，播种改良品种或利用专门的保温防寒或降温防热设备，人为地创造适宜瓜菜生长发育的小气候条件进行生产。常见的设施栽培类型主要有风障、阳畦、地膜覆盖、塑料小棚、塑料中棚、塑料大棚、日光温室等。其中，温棚瓜菜生产就是其中的一种，它是随着社会发展和技术进步由初级到高级、由简单到复杂逐渐发展起来的，形成了现有的各种各样的温室和大棚，并且达到了温、光、水、肥、气等各种生态因子全部都能调节的现代温室的程度。温棚瓜菜生产是人类征服自然、扩大蔬菜生产、实现周年供应的一种有效途径，是发展高效农业、振兴农村经济的组成部分，是现代农业的标志之一。温棚瓜菜可以在冬季、春提前、秋延后等季节进行生产，以获得多样化的蔬菜产品，可提早和延迟蔬菜的供应期，能对调节蔬菜周年均衡供应，满足人们的需要起重要作用。

一是利用温室和大棚栽培可以于秋、冬、春季提早育苗，提早定植，提早上市，供应新鲜的蔬菜产品，丰富人们的餐桌，使人们有更多的选择；瓜菜的淡季得到逐步克服，对丰富人民的生活起到了积极的作用。

二是温棚瓜菜的开发，能加速瓜菜生产的发展步伐，使瓜菜品种日益增多，高产高效，种菜的经济效益成倍增长。

三是利用反季节栽培可以增加菜农的收入，解决农民就业。高投入和高产出的生产方式，带动了其他产业的快速发展。

四是能够减少蔬菜的运输费用，节约大量的资金。

五是提高土地的利用率和产出率，这在我国耕地日益减少的情况下尤为重要。

六是设施农业是现代化农业发展的标志。

总之，采用地膜覆盖，日光温室，塑料大棚、拱棚等多种形式的保护地设施栽培措施，创造适宜的作物生长环境，实行提前与延后播种或延长作物生长期，进行反季节、超时令的生产，达到高产优质高效的目的。同时，设施农业在增加农民收入，提高人民生活水平，丰富城乡居民菜篮子方面发挥了积极的作用。

2. 当前瓜菜产业存在的问题

（1）产业化水平不高，生产能力弱。瓜菜生产有总体规模，但生产单位普遍较小，总体生产能力不强。看全国生产规模不小，但有实力的生产大户或大的生产企业很少，示范带动作用弱，形不成较强的生产能力。一些瓜菜主产区主要以农户分散种植为主，基地小而散，骨干龙头企业少，无精深加工产品，没有真正形成自己的规模优势，没有特色主导产品，生产标准化、经营规模化、营销品牌化整体水平偏低。

（2）整体生产品种多乱杂，很难形成品牌产品或"一村一品"优势。据了解，目前瓜菜种子企业随意定商品名称，生产品种多乱杂，各宣传各自的好，突出不了特色，很难形成品牌产品或"一村一品"优势。

（3）集约化育苗服务滞后，生产用苗存在质量"瓶颈"。一般瓜菜作物苗期时间长，育成高质量苗管理技术较复杂，生产中只有应用高质量的育苗才是搞好生产的基础。目前在一些地方生产用苗多是种植户自育或从远距离外地购买，苗的质量普遍偏差，质量无保证，影响了生产效益和整体产业水平的提升。

（4）基础建设标准低，产品很少有包装，难以适应市场需求。在一些地方大棚和温室基础建设主要还是传统模式上的建设标准，建设标准低且不规范，多数由竹竿、水泥柱等组成，少数还有竹木结构的大棚。生产中哪里损坏了就修补哪里，只要能用就坚持用，很多年没有变化，温室、大棚建设科技含量不高，保温性、抗逆性较差，容易受风、雨、冰、雪、冻等灾害影响；产品贮运设施条件落后，蔬菜采后处理不及时，难以解决保鲜和损耗大的问题。蔬菜生产销售基本处于粗放状态，直接影响了瓜菜产业发展后劲。

（5）生产观念落后，生产技术老化，不按生产标准生产。受传统粗放农业生产观念和习惯的影响，瓜菜种植模式老化或创新不够。再加上菜农多以 50 岁以上人群为主，文化素质相对不高，对新品种，新技术，新模式的接受能力较差，目前生产上还存在大水大肥、重药重肥等生产管理理念，水肥一体化技术，生物病虫害防治技术等先进标准化生产技术还没有普及，生产的产品外观和内在品质参差不齐，也很少有自己的包装，不能很好地适应市场需求。同时，大多数菜农对市场行情缺少分析能力，缺乏宏观了解，生产上还存在盲目跟风，还会出现"菜贱伤农"的现象，导致丰产不丰收。

（6）市场建设滞后，销售环节存在无序竞争，市场行情不稳，影响产业化形成。一些瓜菜主产区产品销售主要靠地头市场或经纪人代收点收购，规模都较小，没有形成自己的卖方市场，只能听收购商的，他说收就收，说不说就不收，旺季时常出现销售难的问题，没有形成行业统领和行业自律，哄抬价格和压级压价时有发生，造成市场行情不稳，无序竞争，菜农利益难以保障，影响了该产业做大做强和产业化的形成。

3. 供给侧改革背景下设施瓜菜产业发展的主要路径与政策导向

（1）设施瓜菜产业持续发展的主要贡献。

①保证了瓜菜产品的周年供应：在 20 世纪 80 年代实现了早春和晚秋蔬菜供应基本好转的基础上，90 年代破解了冬春和夏秋 2 个淡季的供需矛盾；目前我国年设施蔬菜（不含瓜果）产量已达到 2.62 亿 t 左右，占蔬菜总产量的 30.5%；设施蔬菜人均占有量约为 182.1kg，有效保证了淡季供应。同时，设施果树和花卉虽然

规模相对较小，但品种丰富多彩，也起到了改善市场供应、丰富人民生活的积极作用。

②缩小了瓜菜产品价格波动幅度：以蔬菜为例，全国 36 个蔬菜产品月均价格波动幅度由 20 世纪 80 年代初的 10 倍以上收窄到 2013 年的月 0.53 倍，2015—2016 年冬春尽管遭遇了 2 次超强寒潮袭击，蔬菜月均价的波动幅度也不足 1 倍。

③促进了城乡就业农民增收：目前全国 6 606.1 万亩（15 亩=1hm²。全书同）设施园艺至少可吸纳 3 300 多万人就业，并可带动相关产业发展创造 3 000 多万个就业岗位。2016 年，全国设施园艺产业净产值为 8 900 多亿元，使全国乡村人口人均增收 1 500 元，重点设施园艺产区对乡村人均纯收入的贡献额 3 000 元以上。

④推动了设施园艺节能减排：我国独创的日光温室高效节能栽培，已在冬春日照百分率≥50%的地区迅速推广应用，与传统加温温室相比，日光温室亩均节约标准煤 25t，目前全国日光温室面积已达 1 300 余万亩，可节约标准煤 3.2 亿多 t，等于少排放 8.5 亿多 t 二氧化碳、276 多万 t 二氧化硫、240 余万 t 氮氧化物。与现代化温室相比，其节能减排贡献额还要加大 3~5 倍，此项温室节能技术，已引起国际有识之士的高度关注和浓厚兴趣。

⑤开辟了非耕地高效利用途径。全国约有荒漠化土地 60 亿亩，工矿区废弃地 6 000 万亩，海涂 3 000 多万亩，宜农后备土地 6.6 亿多亩，开发非耕地设施瓜菜产业大有可为。如甘肃省河西走廊、宁夏回族自治区腾格里沙漠、新疆维吾尔自治区戈壁滩、海南省沿海滩涂等地，在国家非耕地开发项目的支持下，已经成功进行了大面积设施瓜菜产业的开发。

⑥助推了休闲农业和乡村旅游：设施瓜菜产业的持续高速发展，不仅大大改善了瓜菜产品的周年供应，而且促进了休闲农业和乡村旅游的快速发展，满足了城镇居民走出闹市、体验农艺，康乐休闲的客观需要。

（2）推进供给侧改革背景下设施瓜菜产业仍有较好发展前景。

据《中国农业统计资料》，2015 年，全国蔬菜（含西甜瓜）播种面积 3.7 亿亩，产量 88 421.6 万 t，总产值 17 991.9 亿元，其中，设施蔬菜播种面积、产量、产值占比分别为 23.4%、33.6% 和 63.1%。同时，设施水果、设施花卉的效益还好于设施蔬菜。另据农业农村部蔬菜生产信息体系监测数据，2016 年蔬菜播种面积 34 696.9 万亩，总产量 8.25 亿 t，同比分别增长 0.6% 和 0.3%。其中，设施蔬菜的播种面积 7 459.6 万亩、产量 2.52 亿 t，同比分别减 5.7% 和 5.0%。据匡算，2016 年全国蔬菜（含瓜果）总产值首次突破 2 万亿元，同比增长 13.8%。其中，设施蔬菜产量产值占比超过 62%。据上述监测数据和西甜瓜产业体系估算结果，2016 年，瓜菜人均占有量 664.2kg，其中，设施蔬菜人均占有量 182kg，而且品种丰富，应有尽有。

（3）设施瓜菜产业供给侧改革面临的主要问题。

①温棚设施抗灾生产性能与保障供给不适应：目前本土温室制造业落后，国产温室结构性能差；进口智能温室能耗高，国内能源价高用不起；简易设施为主，老旧、劣质设施比重大（＞70%），园区排灌基础设施差、不配套。

②冷害、雾霾、暴风、雨雪、洪涝等气象灾害频发，几乎年年发生。

③低温、高湿、病害及过度施药与质量安全相悖：温棚生产夜间温度偏低，湿度过大，低于露点温度的时间过长，低温高湿病害易发多发重发。治病过度依赖化学农药，盲目用药、随意加大剂量和施药频率，很难严格执行安全间隔期采收制度。

④大众蔬菜多，信得过品牌少：大众化消费蔬菜产品多，高品质品种及绿色高品质生产商和品牌少，诚信品牌建设严重滞后，优质优价营销缺少信誉载体，优质优价难。

⑤农艺流程不规范：生产管理随意性大。

⑥组织化程度低：生产主体散户为主（大于 80%~90%）。

⑦传统生产难以为继：劳动力结构劣化且价格持续上涨，机械

化智能化技术不支，国产农用传感器的精准可靠性尚难支撑智能化蔬菜产业发展。

（4）供给侧改革背景下设施园艺产业发展的主要路径。

①坚持用优质优价反向统筹推动绿色高优蔬菜产业链形成：树立全产业链反向统筹发展理念和优质优价经营理念，打破先种后卖的传统大众化蔬菜产业发展路径，开辟先卖后种、订单生产、定制农资服务和一站式科技服务的绿色高优瓜菜产业的优质优价发展路径。

②坚决落实与优质优价相匹配的绿色高品质生产技术指标体系和保障措施。

③坚持用超低能耗智能温室引领园艺设施改造升级：超低能耗智能温室的技术指标——能耗指标比现行智能温室降低 70% 以上；温室环境智能调控并可实现生产管理机械化智能化；优先使用无污染物排放的清洁能源；全天候保证蔬菜根区温度处于适宜范围；推动全国瓜菜设施结构性能优化和标准化；全面示范推广现代高保温盖材料和建筑材料；全面示范推广高透光高散射和自洁防尘及功能与寿命同步的超长寿覆盖材料。

④坚持以农艺物理生物为主的绿色防控确保蔬菜安全：严格按照绿色环境标准遴选园地并加强园地生态环境保护；综合应用健康栽培农艺；综合应用物理防治技术；积极采用生物防治技术；合理使用化学防治技术。

⑤坚持按规模化专业化标准化特质化做强设施瓜菜产业：通过企业化合作化实现规模化组织化经营；通过专业化标准化生产确保产业绿色发展；通过打造地域特质产品塑造知名区域品牌；实行种苗统一育供、农资统一采购、病虫统一防治、采后统一标准分级、产品统一品牌营销、日常生产管理分包到人的统分结合的现代经营管理模式。

（5）供给侧改革背景下设施瓜菜产业发展的政策导向。吸引龙头企业和科研机构建设运营产业园，发展设施农业、精准农业、精深加工、现代营销，带动新型农业经营主体和农户专业化、标准化、集约化生产，推动农业全环节升级、全链条增值。支持地方重点开展设施农业土壤改良，增加土壤有机质。加快研发适宜丘陵山区、设施农业、畜禽水产养殖的农机装备，提升农机核心零部件自主研发能力。

《全国种植业结构调整规划（2016—2020 年）》提出：发展南菜北运基地和北方设施蔬菜，统筹蔬菜优势产区和大中城市"菜园子"生产，巩固提升北方设施蔬菜生产，稳定蔬菜种植面积。到 2020 年，蔬菜面积稳定在 3.2 亿亩左右，其中，设施蔬菜达到6 300 万亩。

4. 发展温棚瓜菜生产的建议

设施农业是综合应用工程装备技术、生物技术和环境技术，按照动植物生长发育所要求的最佳环境，进行动植物生产的现代农业生产方式。设施农业是现代农业的显著标志，也是现代农业建设的重要部分，促进设施农业发展是实现农业现代化的重要任务。设施农业的快速发展，为有效保障我国蔬菜、肉蛋奶等农产品季节性均衡供应，改善城乡居民生活发挥了十分重要的作用。但是，我国设施农业的整体发展水平不高，机械化、自动化、智能化和标准化程度较低；科技创新能力较弱，生物技术、工程技术和信息技术的集成运用不够；资金投入不足，基础设施、机械装备和生产条件不配套；支持措施不尽完善，发展的规模、质量和效益还有待于进一步提高。为进一步推进设施农业持续健康发展，现提出如下建议。

（1）深刻认识发展设施农业的重要意义。设施农业技术密集、集约化和商品化程度高。发展设施农业，可有效提高土地产出率、资源利用率和劳动生产率，提高农业素质、效益和竞争力，既是当前农业农村经济发展新阶段的客观要求，也是克服资源和市场制约、应对国际竞争的现实选择，对于保障农产品有效供给，促进农业发展、农民增收，增强农业综合生产能力具有十分重要的意义。

①发展设施农业是转变农业发展方式、建设现代农业的重要内

容：发展现代农业的过程，就是不断转变农业发展方式、促进农业水利化、机械化、信息化，实现农业生产又好又快发展的过程。设施农业通过工程技术、生物技术和信息技术的综合应用，按照动植物生长的要求控制最佳生产环境，具有高产、优质、高效、安全、周年生产的特点，实现了集约化、商品化、产业化，具有现代农业的典型特征，是技术高度密集的高科技现代农业产业。发展设施农业可以加快传统农业向现代化农业转变。

②发展设施农业是调整农业结构、实现农民持续增收的有效途径：设施农业充分利用自然环境和生物潜能，在大幅提高单产的情况下保证质量和供应的稳定性，具有较高的市场竞争力和抵御市场风险的能力，是种植业和养殖业中效益最高的产业，也是当前广大农民增收的主要渠道之一。设施农业产业不仅是城镇居民的"菜篮子"，也是农民的"钱袋子"。促进设施农业发展，有利于优化农业产业结构、促进农民持续增收。

③发展设施农业是建设资源节约型、环境友好型农业的重要手段：资源短缺和生产环境恶化是我国农业发展必须克服的问题，发展设施农业可减少耕地使用面积，降低水资源、化学药剂的使用量和单位产出的能源消耗量，显著提高农业生产资料的使用效率。设施农业技术与装备的综合利用，可以保证生产过程的循环化和生态化，实现农业生产的环境友好和资源节约，促进生态文明建设。

④发展设施农业是增加农产品有效供给、保障食物安全的有力措施：优质园艺产品和畜禽产品的供应与消费，是衡量城乡居民生活质量水平的重要标志，也是农业基础地位和战略意义的具体体现。设施农业可以通过调控生产环境，提高农产品产量和质量，保证农产品的鲜活度和周年持续供应。发展设施农业有利于保障食物安全，不断改善民生，促进社会和谐稳定。

（2）明确发展设施农业的指导思想和目标任务。我国设施农业产业经过引进、消化、吸收和自我创新，形成了内容较为完整、具备相当规模的主体产业群，已经进入全面提升的发展阶段。发展设施农业是科学发展观在农业农村工作中的具体运用和落实，也是我国农业机械化由初级发展阶段进入中级发展阶段的新要求。扩大设施农业发展规模、改善设施农业基础条件、提高设施农业生产效益和产品市场竞争能力，是当前和今后一段时间的发展方向。

当前和今后一个时期，要多渠道增加设施农业投入，不断加强设施农业基础设施、机械装备和生产条件的相互适应与配套；加快科技创新和科技成果普及推广，推进生物技术、工程技术和信息技术在设施农业中的集成应用；努力拓展设施农业生产领域，深入挖掘设施农业的生产潜能；切实提高设施农业管理水平，大力提升设施农业发展的规模、质量和生产效益。努力实现我国设施农业生产种类丰富齐全、生产手段加强改善、生产过程标准规范、生产产品均衡供应的总体目标，探索出一条具有中国特色的高产、优质、高效、生态、安全的设施农业发展道路。

（3）坚持发展设施农业的基本原则。

我国人口众多，土地、淡水和能源等资源严重短缺，发展设施农业要从我国国情出发，着力优化结构、提高效益、降低消耗、保护环境。

①坚持优化布局、发挥优势：要发挥区域品种和产业优势，着力优化区域布局。选择基础条件较好的区域，统筹育种、栽培、装备、管理等多方面的力量，发挥本地资源优势，充分挖掘设施农业生产潜能，促进设施农业快速发展。

②坚持因地制宜、注重实效：要根据地区气候、资源、生产方式、种养殖传统等特点，有重点地选择设施农业的发展方向。同时，坚持效益优先，着力提高种养殖综合生产能力以及经济、社会和生态效益。

③坚持改革创新、建立机制：始终以实现设施农业又好又快发展为目标，通过技术创新、管理创新和机制创新来解决发展中的问题，并将行之有效的创新成果加快推广应用，促进技术提升，努力探索建立促进发展的长效机制。

④坚持市场引导、政府扶持：坚持市场引导与政府扶持相结合，要以解决农民就业、促进农民增收为核心，着力提高农民科学生产素质，提高种养殖科技含量，提高产品竞争力，提高生产过程的机械化、自动化和生态化水平。

（4）落实完善促进设施农业发展的政策措施。在我国发展设施农业，要按照加强农业基础地位，走中国特色农业现代化道路，建立以工促农、以城带乡长效机制，形成城乡经济社会发展一体化新格局的要求，认真落实中央一系列强农惠农政策措施，促进设施农业又好又快发展。

①落实扶持政策：要认真落实中央一系列强农惠农政策，扶持鼓励设施农业发展。将重点设施农业装备纳入购机补贴范围，加大对农民和农民合作组织发展设施农业的扶持力度。要与有关部门协调，加大对设施农业财政、税费、信贷和保险政策的支持，同时，加大基础设施建设投入，对灾区受毁设施的恢复重建给予扶持，不断提高农民发展设施农业和抵御自然灾害的能力。

②积极推动科技创新：加大科技创新投入力度，支持设施农业共性关键技术装备研发。加强宽领域、深层次的协作，积极探索设施农业科技创新体系建设。加快科技成果转化应用，提高产业的整体技术水平，实现产业不断升级。

③完善标准体系建设：加强设施农业标准建设，建立和完善设施农业标准化技术体系。重点加强设施农业建设、生产和运行管理标准的制修订工作，切实提高我国设施农业的标准化水平。

④努力做好技术培训：要整合资源，争取支持，加强设施农业技术培训，提高从业人员素质，把发展设施农业转到依靠科技进步和提高劳动者素质的轨道上来。

（5）切实加强对设施农业发展工作的组织领导。发展设施农业是发展现代农业，推进社会主义新农村建设的重要内容，是全面建设小康社会的必然要求。各地要切实加强组织领导，增强责任感和使命感，采取有效措施，加快推进设施农业的发展。

①把发展设施农业摆到重要位置：各地要把发展设施农业摆上重要工作日程，建立合理的运行机制和严格的责任制度，加强技术指导和调查研究，不断解决设施农业发展中的各种矛盾和问题，推动设施农业工作有序有效开展。

②科学制订发展规划：各地要结合本地区实际，科学制订设施农业发展规划，明确指导思想、目标任务、工作重点、具体措施和保障机制。要注重规划的科学性和可行性，把制订规划与争取各方支持有机结合起来。

③依法促进设施农业发展：要深入贯彻实施农业法、畜牧法、农业机械化促进法和科技进步法等法律法规，加大普法力度，提高生产经营者的法律意识，营造良好环境氛围，落实支持设施农业发展的各项措施，依法促进设施农业发展。

④加强多部门协调配合：设施农业的发展需要多部门加强配合、形成合力。坚持农机与农艺结合，在加强设施装备建设的同时，大力推广农艺技术和健康养殖技术。各级农业、农机、畜牧和农垦部门要密切配合、通力合作，发挥各自优势和作用，共同促进设施农业持续健康发展。

二、林果业增效措施

我国是一个经济林大国，经济林总面积达 5.55 亿亩，经济林树种十分丰富，仅木本粮食类经济林树种就有 100 多种，木本油料类经济林树种达 200 多种。我国核桃、油茶、板栗、枣、茶叶、苹果、柑橘、梨、桃等经济林树种的面积、产量均居世界第一。2016年，全国各类经济林产品产量为 18 024 万 t，其中，水果 15 208 万 t，干果 1 091 万 t、林产饮料产品 228 万 t、林产调料产品 73 万 t、森林食品 354 万 t、森林药材 280 万 t、木本油料 600 万 t、林产工业原料 187 万 t。经济林种植和采集产值 12 875 亿元，占林业第一产业产值的 60%。但在第二产业中，木本油料、果蔬、茶饮料等加工制造和森林药材加工制造方面的产值仅为 4 986 万元，占林业第二产业产值的 15.5%。前几年有关方面统计，全国经济林果品加工、贮藏企业有 2.18 万家，其中，大中型企业 1 922 家，年加工量 1 577 万 t，贮藏保鲜量 1 215 万 t。预计到 2020 年，我国经济林种植面积将达到 4 100 万 hm²，产品年产量达到 2 亿 t，总产值将超过 1.6 万亿元。全国从事经济林种植的农业人口约为 1.8 亿人。

林果业具有多种功能，能够满足社会的多种需求，为社会创造多种福祉，加快发展现代林业，特别是适度发展林果业，是坚持以生态建设为主的林业发展战略的必然要求，也是推进生态农业建设的重要内容。

（一）发展生态林果业的作用

我国山地面积占国土面积的 69%，山区县占全国总县数的 66%，还有分别占土面积 18.1% 和 4% 的沙地和湿地。山区、沙区、林区和湿地区域生活着 59.5% 的农村人口，是林业建设的主战场，另外，在广大的平原农业区中，因地制宜发展林果业也是生态农业建设的重要内容。发展生态林果业，对于改善农业生产条件、有效增加农民收入、促进农村经济社会发展、推进社会主义新农村建设，具有独特而重要的作用。

1. 发展林果业是加快生态农业生产发展的重要内容

森林具有调节气候、涵养水源、保持水土、防风固沙等功能。据实地观测，农田防护林能使粮食平均增产 15%~20%，发展生态林业有利于保障农业稳产高产，有利于增加木本粮油、果品、菌类、山野菜等各种能够替代粮食的森林食品供给，减轻基本农产品的生产压力，维护粮食安全，并且林果种类繁多，营养丰富，有较多营养食品，是丰富人们生活的重要食品。

2. 发展生态林业是实现农民生活宽裕的有效途径

发挥林果业的生态、经济和社会等多种功能，特别是大力培育和发展多种林果业产业，是促进农民增收的重要途径之一。特别是以森林或果园旅游为依托，发展"农家乐"等生态休闲农业，也是一条增收途径。在一些地方绿水青山已成为实现农村致富的金山银山。

3. 发展生态林果业是促进乡村文明、实现村容整洁的重要措施

绿化宜林荒山、构筑农田林网、开发农林果间作、增加村庄的林草覆盖、发展庭院林果业,可以实现农民生活环境与自然环境的和谐优美;倡导森林文化、弘扬生态文明,可以帮助农民形成良好的生态道德意识,实现乡村文明、村容整洁;发展高效林果业产业,可以为乡村文明、村容整洁提供物质保障。许多地方通过发展生态林果业,不仅实现了绿化美化,而且大幅度提高了农民收入和村集体收入,改善了干群关系、村民关系,从而极大地促进了农村社会的和谐稳定。

(二) 发展生态林果业的潜力

我国林业建设成效显著,林业产业总产值每年以两位数的速度递增,为促进农民增收和农村经济社会发展发挥了重要作用。但是,林业的多种功能还远未开发利用起来,林业的多种效益也远未充分发挥出来,还有巨大的潜力可挖。

1. 林地资源的潜力

我国林业用地是耕地的 2 倍多,但利用率仅为 59.77%。林地生产力也还很低,每公顷森林的蓄积量为世界平均水平的 84.86%;人工林每公顷的蓄积量仅为世界平均水平的 1/2。同时,还有 8 亿亩可治理的沙地和近 6 亿亩湿地。三者合计相当于我国耕地总面积的 3 倍多。在我国耕地资源有限的情况下,这些资源显得尤为珍贵,开发利用的前景十分广阔。

2. 物种资源的潜力

我国有木本植物 8 000 多种、陆生野生动物 2 400 多种、野生植物 30 000 多种,还有 1 000 多个经济价值较高的树种。一些物种一旦得到开发,便会显现出惊人的效益。我国花卉资源已开发形成了一个十分重要的朝阳产业,年产值达 430 亿元;竹产业年产值达

450亿元；野生动植物年经营总产值已超过1 000亿元。特别是黄连木、绿玉树、麻疯树等种子含油率都在50%左右，开发生物质能源潜力巨大。

3. 市场需求的潜力

从国内市场看，社会对木材、水果等林果产品的需求量呈逐年上升趋势，供给缺口也越来越大。仅木材一项，我国每年的供给缺口就达1亿m³以上。从国际市场看，木材等林产品已经成为世界性的紧缺商品。国内国外两个巨大的林果产品需求市场，为我国林果业发展提供了广阔的市场空间。

4. 解决劳动力就业的潜力

林果业是一个与农民关联程度高、需要大量劳动力、且技术含量较低的行业，是最适合我国农村发展的产业。我国农村大约有1.2亿剩余劳动力和1/2的剩余劳动时间。这些劳动力具有从事林果业生产的许多便利条件。

如果把我国的林地资源潜力、物种资源潜力、林果产品市场需求潜力和劳动力资源潜力紧密结合并充分发掘利用起来，不仅可以有效改善我国的生态状况，还可以创造巨大的财富，有效解决亿万农民的收入问题，为推进新农村建设和整个经济社会发展作出重要贡献。

(三) 当前林果业发展存在的问题

改革开放以来，我国经济林产业得到长足发展，深刻影响到人们的生产和生活。这些年来经济林产业发展的形势是国家层面越来越重视，产业规模越来越壮大，科技作用越来越明显，市场需求越来越旺盛。但我们也要清醒地看到，快速发展中的经济林产业，存在着严重短板。经济林产品加工业大大落后于经济林种植业的发展，整个经济林产业还处在低端水平。目前，经济林产品加工业的总体状况如下。

资源初级产品阶段、综合利用程度低、高附加值产品少。具体来讲，就是普遍存在技术落后，初级加工多，产品规模小，品种种类少，综合利用差；技术装备水平低，加工机械性能不高，科技投入不足，成果转化机制不顺；加工企业生产规模小，小企业居多，具有国际竞争力的大型名牌企业极少，加工产业化体系尚未形成，地区间发展不平衡。这些问题，极大阻碍了经济林产业快速高效发展。随着社会经济的发展和人民生活水平的提高，人们对经济林产品的消费需求不断变化，对产品的优质化和品种的多样化提出了更高要求，形成了经济林产品加工能力低下与人们丰富的消费需求的矛盾日益突出，解决矛盾和问题的关键就是要加快经济林加工能力的建设，加快技术水平的进步。

（四）林果业转型升级的主要任务以及要处理好的几个重要关系

为了充分挖掘林果业的巨大潜力，发挥林果业在社会主义新农村建设中的独特作用，加速推进传统林果业向生态林业的转变，着力构建林果业生态体系和林果业产业体系，不断开发林果业的多种功能，满足社会的多样化需求，实现林果业转型升级又快又好发展。必须处理好以下几个重要关系。

1. 处理好兴林与富民的关系

兴林与富民是互相促进的辩证关系。只有把富民作为林业建设的目的，才能充分调动人民群众兴林的积极性；只有人民群众生活富裕了，才能为林果业发展提供物质保障和精神动力。要树立兴林为了富民、富民才能兴林的理念，并将其作为发展生态林果业的总目标和工作的根本宗旨，始终不渝地予以坚持。

2. 处理好改革与稳定的关系

改革是发展现代林果业必须迈过的一道坎。只有深化改革，才能消除林果业发展的体制机制性障碍，增强林果业发展的活力，挖掘林果业发展的潜力，发挥林果应有的效益，从而使农村和林区群众安居乐业；只有确保农村和林区的稳定，才能进一步凝聚人心、积聚力量，为改革创造一个良好的环境，实现改革的预期目的。

3. 处理好生态与产业的关系

建立比较完备的林果业生态体系和比较发达的林果业产业体系，是生态林果业的两大任务。林果业发展的内在规律决定了：只有建立比较完备的林果业生态体系，满足了社会的生态公益和精神文化以及生活需求，才能腾出更多的空间和更大的余地，发展林果业产业；只有建立起比较发达的林果业产业体系，满足社会对林果产品的需求，才能更好地支持、保障林果业生态体系的发展。要树立生态与产业协同发展的理念，坚持林果业生态和产业两个体系建设一起抓，形成以生态促进产业，以产业扩大就业，以就业带动农民增收，以农民增收拉动林果业发展的良性循环，实现生态建设与产业发展双赢。

4. 处理好资源保护与利用的关系

发挥林果业的多种功能，首先必须保护好森林资源，同时，要进行科学合理的开发利用。保护是为了利用，利用是为了更好地保护。要坚持"严格保护、积极发展、科学经营、持续利用"的原则，在严格保护的前提下，科学合理地开发利用森林资源。

5. 处理好速度和效益的关系

要努力转变林果业增长方式，牢固树立质量第一、效益第一的观念，始终把工作的着眼点放到质量、效益上，既追求较快的发展速度，又要保证较高的发展质量和效益。在确保扩大造林总量的基础上，强化科学管理，实行集约经营，保证建设效益。

(五) 林果业转型升级的主要措施

如何加快林果业转型升级，做强做大，努力推进新农村建设，应结合当前实际，着重采取以下几项措施。

1. 全面推进集体林权制度改革

结合各地实际，应尽快在全国农村推进以"明晰产权、放活经营、减轻税费、规范流转、综合配套"为主要内容的集体林权制度改革，逐步建立起"产权归属清晰、经营主体落实、责任划分明确、利益保障严格、流转顺畅规范、监督服务到位"的现代林业产权制度，真正使广大林农务林有山、有责、有利。

2. 加强林果业科技创新和推广

尽快建立对农村林果业发展具有强大支撑作用的林果业科技创新体系。要加大科技培训和推广力度，以林业站和林果业科研院所为主体，以远程林农教育培训网络为辅助，开展科技下乡等多形式的技术培训。发挥林果业科技带头人和科技示范户的作用，促进科研院所的科技成果进村入户，切实提高林、果农的生产经营水平和效益。

3. 继续推进林果业重点工程建设

在稳定投资的基础上，通过充实和完善，使之与新农村建设更加紧密地结合起来。要完善退耕还林工程的有关后续产业政策，巩固退耕还林成果，确保退耕农户继续得到实惠；努力将风沙源治理工程扩展到土地沙化和石漠化严重的其他省区，并大力发展沙区林果产业，使更多的农村群众从工程中受益；尽快启动沿海防护林体系建设工程和湿地保护工程，充分发挥其防灾减灾、涵养水源、改善农业生产条件的功能；保证重点生态工程和其他林业工程在保障国土安全的同时，成为农村群众创造物质财富的重要载体。

4. 大力发展林果业产业，充分发挥林果业在促进农民增收中的直接带动作用

要加快制定《林业产业发展政策要点》，重点支持发展有农村特色、有市场潜力、农民参与度高、农村受益面大的林果业产业。在重点集体林区要把乡镇企业等农村中小企业作为发展农村林果业产业的主要载体，培养"一县一主导产业、一乡一龙头企业"，走龙头企业带基地带农户之路，增强林业产业对农村劳动力就业的拉动效应。要在农村培育一批新兴林业产业，开展"一村一品"活动，增强农村集体的经济实力。

5. 加强村屯绿化和四旁植树

把村屯绿化和四旁植树纳入社会主义新农村建设总体规划加以推进和实施。积极鼓励和引导各地结合村庄整治规划，以公共设施

周边绿化和农家庭院绿化为重点，实现学校、医院、文化站等公共设施周边园林化，农家庭院绿化特色化、效益化，公路林荫化，河渠风景化，最终形成家居环境、村庄环境、自然环境相协调的农村人居环境。

6. 着力解决"三林"问题

要把以林业、林区、林农为主要内容的"三林"问题，作为建设社会主义新农村的重要内容来抓。特别是要加强林区道路、电力、通信、沼气等基础设施建设，解决林区教育、卫生、饮用水等群众最关心、最直接的问题。要加快林区经济结构调整，鼓励发展非公有制经济，大力发展林下种植养殖、绿色食品等特色产业，扶持龙头企业和品牌产品，促进林农和林区职工群众增收。

7. 坚持农、林、牧结合，推进种植业结构调整向纵深发展

在新一轮种植业结构调整中，不能就种植业调整种植业，而要坚持农林结合、农牧并举，大力实施林粮、林经套种，大力发展林果业，推进种植业结构调整向纵深发展。主要做到"三个结合"：一是组织推动与利益驱动相结合；二是典型引导与群众自愿相结合；三是造林绿化与结构调整相结合。把植树造林作为种植业结构调整的重头戏，调动农民的植树造林、发展林果业的积极性，既能改善生态条件，又拓宽种植业结构调整的空间，增加农民收入。

(六) 绿色优质果品生产的几项技术措施

1. 采用优良品种和先进技术，发展绿色优质果品

果品市场的竞争，最重要的是品质竞争，生产绿色优质果品的基本要素是品种和栽培技术，有了优良品种还必须有配套的、科学的、先进的栽培技术。

2. 种植树种多样化，满足市场多样化需求

随着人民生活水平的提高。对果品需求趋向多样化，加上国外洋水果的大量涌入，近年来大宗水果的发展滞缓，而葡萄、桃、杏、李、猕猴桃等果品都有着良好的发展，过去不为人们注意的小杂果也逐渐被人们重视，如石榴、扁桃、樱桃、无花果、木瓜、巴

旦杏、枇杷等。我国果树种植资源实际上十分丰富，据统计多达300多种，能够开展利用的潜力巨大，一些优良的地方品种即使在国际上也具有较高的竞争力，今后在生产上应引起重视。

3. 充分发挥地方品种资源优势，科学规划，适地适树

发展果树生产要组织规模化生产，形成产业，近一步推向国际市场。发挥资源优势包括两个方面的内容：一是当地的条件最适宜发展什么树种品种，也就是发展的最佳适宜区。如果其生产出的果品是最优的，成本也低，在市场上竞争力较强。这也就是我们所说的因地制宜，适地适树。二是当地虽然不是最佳适宜区，特别是一些不耐贮运的果品，如桃、葡萄、李、杏、樱桃等，但在当地栽种或能满足本地市场需求，或是成熟期比最佳适宜区提前或错后，在市场上也有竞争力。同时，有条件的地方也可考虑发展设施果树栽培（大棚），目的也是使果品提前成熟，提前上市，获得高效。因此，各地在发展果树生产时，应根据本地的气候特点选择种植品种，在保证果实质量的同时，要优先选择那些反季节成熟的品种作为种植对象，早、中、迟品种合理搭配，以延长鲜果期。

4. 加强流通领域建设，促进水果销售渠道的畅通

当各种优质水果种植面积达到产业化规模后，由于市场利益的驱动，营销队伍将会逐步形成。营销队伍的成功与否，很大程度上决定着果品的生产效益，政府部门应因势利导，给予资金及税收政策的扶持，以促进水果销售渠道的顺畅。同时，应鼓励和扶持那些有实力的公司广开销售渠道，将那些有地方特色的优质水果逐步推向国际市场。此外，水果贮藏保鲜技术及深加工技术的不断完善，也将对水果生产起到积极作用。

5. 发展贮藏加工业，提高附加值和综合利用能力

经济林产品加工是经济林产业发展壮大的关键环节和希望所在。当林果业发展到一定程度，鲜果市场达到一定的饱和度之后，就应考虑其加工问题。一方面，加工可解决大量贮存的鲜果；另一方面，通过加工可以达到增值的目的，同时，加工也带动了加工品

种的种植和繁荣。原来很多看似过剩或者低价值的东西，经过加工可大幅度提高价值。在果品的集中产地，有条件的应发展果品贮藏，缓解集中上市的压力，有利于调节市场供应和增值。果品加工有利于果品的综合利用。加工业必须建立基地，与农户合作，发展加工专用品种，形成有特色的名牌产品，才能有生命力和竞争力。

加工利用兴，则经济林产业兴；加工利用强，则经济林产业强。加工，简单地说，就是通过各种加工工艺处理，使经济林产品达到较久保存、不易变坏、随时取用的目的。在加工处理中最大限度地保存其营养成分，改进食用价值，使加工品的色、香、味俱佳，组织形态更趋完美，进一步提高产品加工制品的商品化水平。但是，这种认识只是一般意义上的经济林产品加工，是传统的、低层次的认识。从更高层次理解加工内涵，其意义是深远的。加工，就是要促使原材料吃干榨净，生产出一系列产品，包括高科技产品，实现产品原材料的全部利用和综合利用，满足人民群众日益增长的物质文化需求。有的专家把某一产品加工分了几个层次：一是加工，即传统市场加工农产品；二是粗加工，即粗提取物、混合物；三是初加工，即各种提取物（成分混合）；四是深加工，即有功能产品；五是精加工，即单一重要但含量少的成分与产品；六是精深加工，即重要功能、可富集含量产品；七是二次及全成分高值化利用，即多目标、多产品、高值化。第七个层次正是我们追求的加工目标。我国丰富的经济林资源为产品加工业的发展提供了充足的原料。积极发展经济林产品加工业，不仅能够大幅度地提高产后附加值，形成高效林业产业，增强出口创汇能力，还能够带动相关产业的快速发展，大量吸纳农村剩余劳动力，增加就业机会，促进地方经济发展。对实现林业增效，产业增强，农民增收，促进农村经济与社会的可持续发展，丰富城乡居民物质生活，提高人民身体健康水平，都具有十分重要的战略意义。

（七）设施果树栽培

设施果树栽培技术在农业生产过程中可以说是集约化的一种栽

培方式，此种技术的有效应用，可以促进林果业的种植向着现代化方向迈进。林果业一定要将市场作为导向进一步发展，从而更大程度的提高农民收入。但是，林果业种植中设施果树栽培新技术还存在一些问题，要针对其存在问题认真研究加以解决。

1. 设施果树栽培优点

（1）利用设施栽培果树，可克服自然条件对果树生产的不利影响。果树自然栽培时，易受多种自然灾害的危害，生产风险较大，采用设施保护栽培时，可有效地提高果树生产抵抗低温、霜冻、低温冻害、干旱、干热风、冰雹等自然危害，特别是可有效地克服花期霜冻的发生，促进果树稳产。近年来，霜冻在我国北方发生频繁，常导致果树减产或绝收，利用设施栽培果树，由于环境可人为调控，可有效地避免霜冻危害，降低生产风险。

（2）利用设施栽培，可拓展果树的种植范围。每种果树都只能在一定的条件下生长，自然条件下，越界种植，由于环境不适，多不能安全越冬或不能满足其生长结果的条件，不能实现有效生产，采用设施栽培的条件下，可将热带或亚热带的一些珍稀果树在温带种植，为温带果品市场提供珍稀的果品，丰富北方的种植品种。像南方果树莲雾等在我国北方已种植成功。

（3）可促进果实早熟或延迟采收，有利于延长产品的供应期，提高生产效益。利用设施种植果树中的早熟品种，通过适期扣棚，可进行促成栽培，促进产品比露地提前成熟 20~30 天，可大幅度提高产品的售价，提升生产效益；利用设施种植葡萄中的红地球、黑瑞尔；红枣中的苹果枣、冬枣等晚熟品种，可延长果实的采收期，促进果实完全成熟，增加果实中的含糖量，提高果实品质，实现挂树保鲜，错季销售，提高售价，产品可延迟到元旦前后上市，果品售价可提高 4~5 倍，增效明显。

（4）果树实行设施栽培，有利于减轻裂果、鸟害等为害，提高果实品质。核果类果树中的甜樱桃、油桃及红枣、葡萄中的有些品种，在露地栽培时，成熟期遇雨，裂果现象严重，会导致果实品质降低，严重的影响生产效益的提高，采用设施栽培条件下，特别是配套滴灌设施后，水分的供给调控能力提高，可有效地降低裂果现象的发生，提高果实品质。

（5）有利于提高土地的经营效益。设施栽培由于规模较小，产品供不应求，生产效益好，一般设施果树的种植效益通常是露地种植效益的 10~20 倍，发展设施果树，可提高土地的经营效益。

（6）发展设施果树，有利于带动旅游业的发展。设施栽培由于栽培季节的提前，栽培果树的特异，可为旅游业提供景点，助力旅游业发展，通过设施果树生长期开放，可为游客提供游览观光、普及农业知识、果实采摘等系列化服务，促进旅游业的发展。

2. 设施果树栽培新技术具体应用

（1）设施果树品种选择技术。设施果树品种选择最为关键，它直接关系着设施果树栽培的成败，品种选择在设施果树栽培中特别重要，在品种选择上要坚持以下原则：一是若促成栽培，应选择极中熟、早熟以及极早熟的品种，以便能够提早上市；若延迟栽培，则应选择晚熟品种或那种容易多次结果的品种。二是应选择自然休眠期短、需冷量较低、比较容易人工打破休眠的品种，以便可以进行早期或超早期保护生产。三是选花芽形成快、促花容易、自花结实率高、易丰产的品种。四是以鲜食为主，选个大、色艳、酸甜适口、商品性强、品质优的品种。五是选适应性强，主要是对外界环境条件适应范围应比较广泛、能够耐得住弱光且抗病性强的品种。六是选树体紧凑矮化、易开花、结果早的品种。除以上 6 个原则外，品种选择还必须以当地市场实际情况作为参考标准。

（2）设施果树的低温需冷量和破眠技术。对种植的果树进行人工破眠，就是对人工低温预冷方法进行应用，植物自然休眠需要在一定的低温条件下经过一段时间才能通过。果树自然休眠最有效的温度是 0~7.2℃，在该温度值下低温积累时数，称为低温需冷量品种的低温需冷量是决定扣棚时间的基本依据，是设施果树栽培中非常重要的条件，只有低温需冷量达到了一定标准，果树才能通过自然休眠，在设施栽培条件下果树才能正常生长。通常此种处理应该保持 1 个月的时间，以确保设施果树所需的预冷量可以提前得到满足。

（3）果树设施环境调控技术。

①温度调控：应根据树种、品种及果树的发育物候期的温度要求，对棚内温度进行适当调控，以适应果树的健康成长。对于温度调控来讲，扣棚后棚内升温不能过急，必须要缓慢进行，使树体能够逐步适应；一般在扣棚前的 10～15 天覆盖地膜，增加地温，确保果树根部获得充足的温度，同时，做好水分供给。在夜间，温度可适当保持在 7～12℃，以防止棚温逆转，导致花期和幼果冻伤。在花期，白天温度低于 25℃，夜间要高于 5℃。

②湿度调控：在调整温度时，主要采用揭帘方式或是通风控制方式。在果树不同生长发育阶段，其所需温度也存在极大的差异，应根据需要合理进行调控。设施果树栽培湿度调控方式比较单一，主要是以空气湿度调节为主，在调节过程中，可按照湿度要求的高低，选择与之相对应的调节方式。例如，可以通过放风的方式，快速降低棚室内的空气湿度，同时调节降低温度。对于土壤湿度调节，基本以浇水次数或是浇水量进行控制。

③光的调控：根据棚内光照强弱度，时间段以及果树质量的情况来看，光照调控主要方式有两种：要求覆盖材料必须要具备极好的透光率，同时，可以铺设反射光膜；另外，棚室结构的构建必须科学合理。

④设施果树的控长技术：

调节根系　限根的主要目的就是对垂直根数量以及水平根数量进行控制，以便能够促进根系水平生长，使吸收根可以快速的成长。常用的限根方法有以下 3 种：一是可以浅栽果树；二是可以进行起垄处理，这两种方法可以对根系做到比较好的限制，使根系难以进行垂直生长，却可以加快吸收根的生长，同时，也可以使果树矮化生长，更容易开花和结果；三是还可以利用容器进行限根处理，这种方法主要是通过对某种容器的利用，将果树种植在容器当中，最后在建棚之后再进行设施栽培。陶盆类型、袋式类型和箱式类型都是我们设施果树栽培常见的容器类型。

生长调节剂的应用　揭棚后，为使让果树快速发芽生长，并对果枝的生长进行抑制，就需要在果树上喷洒一些生长调节剂。在具体应用的时候，一般在果树树冠之上连续喷洒 15% 浓度的多效唑溶液 2~3 次，还可以在树梢上抹上 50 倍的多效唑溶液涂，应用此种方法达到对果枝生长的抑制作用，进而可以促使花芽快速分化。

⑤提高设施果树坐果率技术：

选择最为合适的时间扣棚　在设施果树栽培过程中，一定要注意扣棚时间必须保持适宜，如果要保障果实的产量，必须要确保栽培果树时果树能够进行自然休眠。

人工授粉技术　相应的设置授粉果树也是设施果树栽培过程中需要注意的细节问题，常用的方法有利用鸡毛掸子在开花阶段实施滚动授粉或人工进行点粉，在种植林果业基地，可以建立储备花粉制度，把采集到的所有花粉放在 -20℃ 的低温环境中储存，当棚内所有果树都开花的时候，开始实施人工授粉。

总之，合理利用温室及塑料大棚是设施栽培果树的重点，在果树生长时节和环境不太适宜时，要注意通过人工调节，合理提供果树生长所需要的各方面因素条件，以便能够促使果树正常发育和生长。现在，我国大部分地区都引进和应用了设施栽培果树技术，反季节水果的产量也在不断提高，越来越能够满足大众市场的需求，同时，还增加了社会经济效益。林果业种植中设施果树栽培新技术获得了突飞猛进的发展，但就目前来看，我国设施果树栽培技术还有待提高，因此，必须合理科学借鉴和总结先进的栽培技术，并与时俱进，不断地创新发展，形成自己特有的设施果树栽培技术，从而进一步促进林果业的长远转型升级。

三、食用菌增效措施

（一）食用菌的概念与种类

食用菌是一个通俗的名词，狭义的概念指可以食用的大型真菌；如平菇、蘑菇、羊肚菌、木耳、金针菇、香菇、草菇、银耳等。广义的概念泛指可以食用的大型真菌和各种小型真菌；如酵母菌，甚至可以包括细菌的乳酸菌等。据统计，目前全世界有可食用的蕈菌 2 000 种，我国已知的可食用的蕈菌达 720 种；大多为野生，仅有 86 种在实验室进行了栽培，在 40 种有经济意义的品种中，约有 26 种进行了商品生产，其中，10 种食用菌产量占总产量的 99%左右。

（二）食用菌的栽培价值

1. 食用菌的营养价值

食用菌作为蔬菜，味道鲜美，营养丰富，是餐桌上的佳肴，历来被誉为席上珍品。因为食用菌是高蛋白质、无淀粉、低糖、低脂肪、低热量的优质食品。其蛋白质含量按干重计通常在 13% ~ 35%；如 1kg 干蘑菇所含蛋白质相当于 2kg 瘦肉，3kg 鸡蛋或 12kg 牛奶的蛋白质含量。按湿重计是一般蔬菜、水果的 3~12 倍，如鲜蘑菇含蛋白质为 1.5%~3.5%，是大白菜的 3 倍，萝卜的 6 倍，苹果的 17 倍，并含有 20 多种氨基酸，其中，8 种氨基酸人体和动物体不能合成，而又必须从食物中获得。此外，食用菌还含有丰富的维生素、无机盐、抗生素及一些微量元素，同时，铅、镉、铜和锌的含量都大大低于有关食品安全规定的界限。总之，从营养角度讲，食用菌集中了食品的一切良好特性，有科学家预言："食用菌将成为 21 世纪人类食物的重要来源。"

2. 食用菌的药用价值

食用菌不但营养价值高，在食用菌的组织中含有大量的医药成分，这些物质能促进、调控人体的新陈代谢，有特殊的医疗保健作用。据研究，许多食用菌具有抗肿瘤、治疗高血压、冠心病、血清胆固醇高、白细胞减少、慢性肝炎、肾炎、慢性气管炎、支气管哮喘、鼻炎、胃病、神经衰弱、头昏失眠及解毒止咳、杀菌、杀虫等功能。如近年来我国研制的"猴头菌片""密环片""香菇多糖片""健肝片"以及多种健身饮料等，都是利用食用菌或其菌丝体中提取出来的物质作为主要原料生产的。

3. 食用菌栽培的经济效益

栽培食用菌的原料一般是工业、农业的废弃物，原料来源广，价格便宜，投资小，见效快，生产周期一般草菇 21 天、银耳 40 天、平菇和金针菇 70~90 天、蘑菇和香菇 270 天左右。投入产出比一般在 1:3.6 左右。随着新品种、新技术和机械化的不断应用，投入产出比将会越来越高。同时，栽培食用菌一般不会大量占用耕地，其下脚料又是农业生产中良好的有机肥料，对促进生态农业的发展具有极其重要的作用。

(三) 食用菌的栽培历史、现状及前景

1. 栽培历史

食用菌采食和栽培的历史悠久，经历了一个漫长的历史过程。据化石考古发现，蕈菌在 1.3 亿年前已经存在，比人类的存在还早。古人何时采食和栽培食用菌，可从现存文学作品、农书和地方志中了解和考证。古希腊、罗马都有关于蘑菇的美好传说，蘑菇在墨西哥和危地马拉印第安人的宗教中起着重要作用。我国周朝列子《汤问篇》中已有"菌芝"记载，史记《龟策列传》中就有栽培利用茯苓的记载，苏恭《唐本草注》中就记述了木耳栽培法；陈仁玉、吴林写下了《菌谱》《吴菌谱》等专著，讲述了香菇生长时期的"物候"，王桢《农书》和贾思勰《齐民要术》中也记载了香菇砍花栽培法和菌的加工保藏法，此乃以野生采集为主的半人工栽培阶段。

2. 栽培现状

20 世纪初达格尔发明了双孢蘑菇纯菌种制作技术，开创了纯菌种人工接种栽培食用菌的新阶段，到 20 世纪 30 年代相继用纯菌

种接种栽培香菇、金针菇成功，促进了野生食用菌驯化利用的研究。我国在 20 世纪 50~60 年代对野生菌的驯化栽培才出现了新进展，到 70~80 年代有近 10 个种类的食用菌进入了商品性生产。进入 21 世纪，对食用菌的研究与生产已跨入了蓬勃发展的新时代，食用菌生产已成为一项世界性的产业，食用菌学科也已形成了一门独立的新兴学科。同时，我国食用菌产业迅猛发展，呈现了异军突起遍及城乡的好势头。2013 年统计，中国已是世界上最大的食用菌生产国和消费国，产量占世界总产量 70% 以上。不仅产量居世界各国之首，而且品种多，出口量大，在国际市场上占有重要位置。全国食用菌生产出现了"南菇北移，东菇西移"新趋势。

3. 发展前景

随着社会的发展和人民生活水平的不断提高，作为"保健食品"的食用菌正从宾馆、饭店走进越来越多的普通家庭，食用菌不但有较大的国际市场，国内消费也具有巨大的开发潜力，并且随着科学技术的发展，不但生产领域扩展较快，食用菌的深加工领域也在迅速扩展，目前，以食用菌为原料已能生产饮料、调味品、医药、美容品等。总之，食用菌作为一个新兴产业，不论是从当前的国际市场看，还是从社会发展的趋势看，都具有广阔、诱人的市场发展前景。随着贸易全球化的发展，我国劳动力与生产原料充足价廉，生产成本较低，食用菌这个劳动密集型产业生产的产品，在国际市场上具有较强的竞争力，所以，在现阶段食用菌产业将处于走俏趋势，在一些地方越来越受到各级政府和广大农民的重视，已成为"菜篮子工程""创汇农业"和"农村脱贫致富奔小康"的首选项目。

（四）当前食用菌产业存在的问题与对策

1. 产业发展迅猛，总体上实力不强

整个产业发展较快，但总体实力不强，突出表现在新型农业经营主体不强、创新能力不强、竞争能力不强。

2. 生产散乱小，盲目无序性大

多数地方仍以小农户生产为主，规模小、结构松散，盲目无序性乱生产。

3. 技术落后，产品质量低

菌种生产、基料处理、生产管理技术较原始落后，产品质量偏低，生产效益没有保障。

4. 加工创新能力低，产品精深加工少

食用菌精深加工总体水平还较低，在加工领域还存在一些问题和不足。一是认识不足，仍以发展生产为主，缺乏加工政策和宣传引导，导致全国现有食用菌加工业产值与食用菌产值之比较低。二是初级加工产品比重过大，精深加工产品少，产品特色与优势不明显，且创新能力不足，产品单一，多以干制、罐头为主，缺乏具有市场竞争力的功能性食用菌复合产品。三是加工产品趋向同质化，加剧了产品市场竞争，发展缓慢。四是市场开发不足，产品宣传不够，影响了销售能力。

5. 食用菌产业发展对策

食用菌被誉为"健康食品"，是一个能有效转化农副产品的高效产业，近年来发展迅速，在一些农副产品资源丰富的地区，发展食用菌生产是实现农副产品加工增值的重要途径之一。食用菌生产的实质就是把人类不能直接利用的资源，通过栽培各种菇菌转化成为人类能直接利用的优质健康食品，如普通的平菇、香菇、金针菇、双孢菇以及珍稀菇类的白灵菇、杏鲍菇、茶树菇、真姬菇等。我国作为一个农业大国和食用菌生产大国，如何做大做强食用菌产业？如何充分利用好丰富的工农业下脚料资源优势，把食用菌产业培养成一个既能为国创汇、又能真正帮助农民脱贫致富奔小康产业？需要各级政府、主管部门和业界同仁的共同努力。食用菌产业作为农业重要组成部分，具有良好的发展前景和市场潜力。随着社会的发展和科技的进步，必将赋予它更加丰富的内涵。食用菌产业同时又是一个产业链条联结比较紧密的产业，它和大农业、加工

业、餐饮业等息息相关。同时，发展食用菌产业不能就食用菌业而论食用菌业，要想做大做强这一产业，实现健康发展的目标，必须坚持作好以下各项工作。

（1）拉长食用菌产业链条，为生产提供技术支持。通过实施重大科技专项和食用菌三大生物工程；即（食用菌的新、特、优良品种选育工程，食用菌产品精深加工工程和绿色有机健康生产工程）。并紧紧围绕"优质食用菌生产与加工基地"建设，组织实施"食用菌精深加工技术研究与示范"等重大科技成果专项，通过研究示范提出食用菌优势产品区域布局规划，为优化调整食用菌区域布局提供科学依据，为加强大宗优良品种选育，为优化调整品种结构提供保障，推进优质食用菌品种区域化布局，做到规模化栽培、标准化生产和产业化经营，加快发展优质食用菌品种，提高产品的竞争力，加强精深加工技术研究，拉长产业链条；加强技术集成。在主产区推广一批优良品种和先进实用技术，全面提高重点基地量的生产技术水平；加快大宗品种生产优质化，特色品种生产多样化，促进菇农增收。

（2）加强科技成果的转化应用与推广，提高科技对食用菌产业的贡献率。各级政府、主管部门要管好用好食用菌科技成果转化专项资金，加强食用菌科技成果的熟化与转化，加大实用技术的组装集成与配套。强化一线科技力量，重点支持食用菌新产品、新技术、新工艺的应用与推广，促进科技成果转化为现实生产力。

加强食用菌科技研究院所试验基地、技术培训基地、科技园区、示范乡镇的建设工作，构筑高水平科技成果转化示范平台，使其成为连接科研生产与市场的纽带。大力推动形成多元化科研成果转化新机制，充分发挥农村科技中介服务组织在发展食用菌产业化经营中的积极作用，促进成果转化与推广应用。

（3）坚持"六个必须"，着力推进"四个转变"，狠抓"五个关键环节"。

六个必须：食用菌产业的发展，必须始终坚持把促进农民增收作为工作的出发点和落脚点；必须树立科学的发展观，坚持发展与保护并重，在强化保护的基础上加快发展；必须强化质量效益意识，坚持速度与质量效益的协调统一；必须坚持实施出口带动战略，拓宽食用菌产业的发展空间；必须加快科技进步，坚持技术推广和新技术的研发相结合；必须注重食用菌产业的法制化建设，坚持服务与监管相结合。

四个转变：转变发展理念，用工业化理念指导食用菌产业；转变增长方式，坚持数量与质量并重，更加注重提高质量和效益；转变生产方式、大力发展标准化生产、规模化经营；转变经营机制，走产业化经营之路。

五个关键环节：强化科学管理、严控生产程序、避免因病虫为害造成重大损失、保护菇农增收；继续推进战略性结构调整，提高产品质量和效益，促进农民增收；进一步加快食用菌产业化进程，培养壮大龙头企业，带动增收；积极实施出口带动战略，拓宽产品销售渠道、扩大菇农增收空间；加快科技进步，强化技术推广，提高菇农的增收本领。

（4）围绕一个中心突出一个重点，坚持一条路子，狠抓 6 项工作。具体就是以菇农增收为中心。菇农增收的稳定性，决定着食用菌产业的兴衰。加强行业管理和产品质量监控，进一步提高产品质量和效益，坚定不移地走标准化、规模化和产业化的发展路子，加快食用菌产业的生产方式、增长方式和经营方式的转变，力争实现由食用菌生产大国向强国的跨越。着力在 4 个方面实现新突破，取得新成效。强化管理、严格要求、避免毁灭性灾害和农残事件发生，确保食用菌产业健康发展和人民群众的身体健康；加快食用菌产品优势区域开发，形成我国具有较强竞争优势的产业新格局；加强支撑体系建设，增强食用菌的社会化服务功能；强化科技推广，不断提高行业科技水平；强化市场体系建设、努力搞活食用菌产品流通。

当前，我国正在全面建设小康社会和节约型社会，做大做强食用菌产业必将起到积极的促进作用。

（五）解析食用菌产业转型升级的措施

1. 加大领导力度，制订食用菌产业规划

食用菌可作为粮食替代品，能够提高机体免疫能力，有益于人类健康。食用菌产业以龙头企业为牵引，拉动广大菇农致富，成为广大农村地区扶贫帮困的有效途径，它不与人争粮、不与粮争地、不与地争肥、不与农争时、不与其他行业争资源，在应对匮乏的耕地资源和水资源，增加农民收入、转移农村劳动力等方面具有越来越重要的作用，是现代有机农业、特色农业的典范。正是这些优势，政府部门一定要加强对食用菌产业发展的领导，把食用菌产业作为发展区域经济的一件大事来抓，健全食用菌管理和推广服务体系，提高食用菌产业的管理和服务能力。食用菌管理部门应当积极履职，做好产业发展区划和规划，深入调查研究，帮助菇农和企业解决具体问题，引导、促进食用菌产业健康快速发展。

2. 出台相关政策，推动食用菌产业升级

为做强食用菌产业，建议各级政府通过政策引导和财政支持，推动食用菌生产技术水平有一个质的提升；食用菌生产的用地、用电应纳入农业范畴，把食用菌的良种和机械列入良种、农机具补贴范围，享受用水、用电、用地、在物流环节的"绿色通道"等优惠政策；另外，在资金扶持方面，支持建设"都市型"食用菌高新技术产业群，支持食用菌专用品种选育、技术集成提升和智能控制系统升级，推动产业升级换挡。

3. 引导消费潮流，激活食用菌市场潜力

针对潜力巨大、远未开发的消费市场，引导人们食用更多的菇类产品至关重要，应加强食用菌宣传，包括反映菇类产品的低脂肪、低糖、高维生素和含微量元素的特性及其保健功能（如提高免疫力、抗肿瘤等）的科学数据、健康饮食、科学烹饪，让消费者认识食用菌的品质内涵，发掘消费潜力。利用电视、广播、报纸等现代传播媒介，定期播报相关主题的科教片，形成需求导向的全民拉动和保护的主导产业。

4. 转变发展方式，提升食用菌产业水平

加快食用菌由分散、小规模生产经营方式向工厂化、专业化、规模化、标准化发展方式转变。用工业的方式来发展食用菌产业，扶持食用菌企业、专业合作社完善基础设施，推广食用菌机械化、自动化、智能化装备在工厂化专业化生产中的应用。积极引导分散栽培经营的菇农创建食用菌专业合作社，推动食用菌专业化生产。强化标准菇棚建设，创建一批规模较大、自动化程度较高的标准化菇棚生产基地。大力发展效益型精致菇业，实现发展方式的4个转变："粗放型向精致型转变，数量型向质量型转变，脱贫型向致富型转变，原料型向高端产品型转变"，推动食用菌产业再上新水平。目前，在平原粮食生产主产区，作物秸秆和其他生产副产物丰富，是发展食用菌的好原料，应重视食用菌的发展，在这些地方食用菌应成为实现生态农业的重要环节。

四、畜牧水产养殖与水产业增效措施

动物生产是农业生产的第二个基本环节，也称第二"车间"。动物生产主要是家畜、家禽和渔业生产，它的任务是进行农业生产的第二次生产，把植物生产的有机物质重新改造成为对人类具有更大价值的肉类、乳类、蛋类和皮、毛等产品，同时，还可排泄粪便，为沼气生产提供原料和为植物生产提供优质的肥料。所以，畜牧业与渔业的发展，不但能为人类提供优质畜产品，还能为农业再生产提供大量的肥料和能源动力。发展畜牧业与渔业有利于合理利用自然资源，除一些不宜于农耕的土地可作为牧场、渔场进行畜牧业、渔业生产外，平原适宜于农田耕作区也应尽一切努力充分利用人类不能直接利用的农副产品（如作物秸秆、树叶、果皮等）发展畜牧业，使农作物增值，并把营养物质尽量转移到农田中去从而扩大农田物质循环，不断发展种植业。植物生产和动物生产有着相互依存、相互促进的密切关系，通过人们的合理组织，两者均能不

断促进发展，形成良性循环。

养殖业在现代农业产业体系中的地位日益重要。根据养殖业的特点和现状，发展和壮大养殖业须要转变养殖观念，积极推行健康养殖方式，加强饲料安全管理，加大动物疫病防控力度，建立和完善动物标识及疫病可追溯体系，从源头上把好养殖产品质量安全关，使养殖业发展更加适应市场需求变化。牧区要积极推广舍饲半舍饲饲养，农区有条件的要发展规模养殖和畜禽养殖小区，促进养殖业整体素质和效益逐步提升。

（一）发展指导思想

广大农业区发展畜牧养殖业要以建设标准化畜禽养殖密集区和规模养殖示范场为切入点，以畜产品精深加工为载体，以完善四大服务体系为手段，切实转变养殖方式和经营方式，实现畜牧生产规模与效益同步增长，全面提升畜牧生产水平和综合效益。

（二）发展思路与工作重点

1. 转变养殖方式，实现养殖规模化

积极引导规模养殖户离开居民区进驻小区，使畜牧业实现生产方式"由院到园"、养殖方式"退村入区"、经营方式"由散到整"的转变。

2. 规范饲养管理，实现养殖标准化

一是大力推广标准化养殖技术。各地根据实际情况，要积极聘请专家，组织养殖场（小区）、举办技术讲座、开展技术指导，大力推广品种改良、保健养殖、无公害生产、秸秆青贮氨化养畜、疫病防控、养殖污染治理等养殖技术。同时，实行"标准化养殖明白卡"制度，按照现代化畜牧业发展和畜禽产品无公害生产要求，把标准化养殖技术，以明白卡的形式印发给农户，努力提高养殖户标准化生产技术水平。二是对养殖小区和规模养殖场逐步实行"六统一"管理，即统一规划设计、统一用料、统一用药、统一防疫、统一品种、统一销售。三是积极创建无公害畜产品生产基地。对养殖生产实施全过程监管，加强畜产品质量检测体系建设，提高检测水平，实现从饲料生产、畜禽饲养、产品加工到畜产品销售的全程质量监控，严格控制各类有毒有害物质残留。

3. 加工带动基地，实现产业链条化

积极探索推广"加工企业+基地+农户""市场+农户""协会+农户""龙头企业+基地+养殖场（小区）""龙头企业+担保公司+银行+养殖场（户）""反租承包"等多种畜牧产业化发展模式。延伸和完善畜牧产业链条，建设优质畜产品供应基地。逐步把畜产品加工业发展成为食品工业的主导产业，带动规模养殖业快速发展。

4. 完善四大体系，实现养殖高效化

（1）完善疫病防控体系。一要健全县级动物防疫检疫监督体系，搞好乡级防检中心站建设，加强基层动物防疫检疫力量，稳定基层防疫队伍；二要落实重大动物疫病防控"物资、资金、技术"3项储备，保障动物疫病监测、预防、控制及扑灭等工作需要。

（2）完善畜禽良种繁育推广体系。加大对畜禽良种引进、繁育和推广的支持力度，加快县畜禽良种繁育推广中心建设步伐，加强畜禽人工授精改良站点的规范化管理，使县有中心、乡有站、村有点的"塔"形畜禽良种繁育推广体系更加完善。

（3）完善饲草饲料开发利用体系。各地要大力发展饲料工业产业化经营。充分发挥秸秆资源优势，搞好可饲用农作物秸秆的开发利用，大力推广秸秆青贮、氨化等养畜技术，促进畜牧业循环经济发展。把秸秆利用率提高到50%以上，使秸秆基本得到合理化利用。

（4）完善畜牧业市场和信息服务体系。一是培育现代化的市场流通体系。健全完善市场规则，规范交易行为，加强市场监管，建立统一开放、竞争有序、公开公平的市场流通体系。二是加快畜牧业信息化进程。建立健全畜牧业信息网络，推动与龙头企业、批发交易市场和生产基地的网络融合、资源共享。三是建立各类畜牧业经济组织。以各地畜牧业协会为主体，充分发挥各类协会和合作

组织在技术培训、技术推广、信息服务、集中采购和销售等方面的重要作用，提高农民进入市场的组织化程度。

（三）需要采取的保障措施

1. 用现代理念引领现代畜牧业

现代理念就是专业化、规模化、标准化、产业化、市场化理念，有了专业化、规模化才能形成集聚效应、才能形成市场优势；有了市场要用标准来规范，有了标准化才能生产出无公害、绿色、有机食品、才能形成品牌优势，有了品牌才能进超市，占领更大的市场份额。

2. 用专业化提升技能

"术业有专攻""一招鲜吃遍天"。因此，要引导农民学好学精一门养殖技术，走精、专、科学养殖的路子。

3. 用标准化规范和示范带动

标准化是现代农业的出路，更是现代畜牧业发展的根本出路。规模要发展，标准要先行。首先良种选择要标准，良种本身就是生产力，就是效益，有了良种才能形成成本优势、价格优势；其次，在良料、良舍、良管等方面都要严格加以规范，使养殖业的各个生产环节都能按规程有序进行。

4. 用培养众多创业人才领跑

培养现代农民是发展现代畜牧业的基础性工作，现代畜牧业的发展要靠能人带动。而培养现代农民的创业意识、培养创业人才是关键。

5. 用龙头企业带动

用工业的理念发展现代畜牧业是一条捷径，也是延伸产业链条最为关键的一环。要继续加大内引外联和招商引资力度，争取有国内外知名企参与当地畜牧产业化生产，推进畜牧业的跨越式发展。

6. 用组装配套技术超越

一是加大畜牧业科技推广和服务力度，采取专业技术人员包乡、包村、包大户等方式，大力推广普及实用、增产、增收技术，提高科技服务水平和质量。二是加强畜牧业科技队伍建设，特别要加大对农村技术人员和养殖户的养殖技术培训，培养更多的畜牧业科技骨干和"土专家"。三是深化科技创新和人才使用机制改革，建立健全以服务与收入、利益为纽带的分配机制，使畜牧科技资源与市场有效配置，从而激活畜牧技术人员的积极性。

7. 用无疫区建设保障

搞好无规定动物疫病示范区建设，较好地推动畜牧业的发展。要一手抓防疫设施配套建设，一手抓防疫机制创新与管理，推动畜禽疫病防治工作的科学化、规范化、法制化，以保障现代畜牧业快速推进。

（四）发扬传统渔业优势，积极发展现代渔业

我国是世界上第一水产养殖大国，拥有近70%养殖产量，并具有悠久的养殖历史和精湛的养殖技术，水产养殖在农业中的地位越来越突出，在许多地方已成为农民增收致富奔小康的重要途径；同时，也是发展现代农业的较好突破口，发展现代农业，渔业应走在前列。

小水体池塘养殖是我国传统人工水产养殖的重要方式，由于它养殖产量高、效益好、便于管理，且不需要很大的水资源，在没有较大自然水面的平原农区，积极发展小水体池塘养殖，充分发挥传统渔业优势，有着极其重要的意义和作用，有利于农业良性循环和可持续发展，也将成为社会主义新农村建设中的一个重要环节。

1. 充分认识小水体池塘养殖的重要意义与作用

（1）小水体池塘养殖有利于发展健康养殖。池塘养殖是人工水产养殖的重要方式，由于养殖水体小，便于管理，水质易控制，有利于发展健康养殖。

（2）小水体池塘养殖可以充分挖掘渔业发展资源。发展小水体池塘水产养殖，不需要有很大的水资源，生产方便可行，可在大多数地区发展渔业，能充分挖掘渔业资源。

（3）小水体池塘养殖是农业结构调整的重要内容。当前，农业和农村经济发展进入了一个新的阶段，科学的农业经济结构调整是拉动农村经济快速增长的必由之路，也是摆在我们面前的一项长期而艰巨的任务，多年的实践证明，渔业发展具有投资少，见效快，效益高的优势，因地制宜大力发展渔业，既能优化产业布局，又可提高经济效益，既能吸纳农村剩余劳动力，又能合理开发利用国土资源，对发展地方经济，优化经济结构，改善人们生活具有重要意义。

（4）小水体池塘养殖是农民增收脱贫致富奔小康的重要途径。据调查，同面积的池塘水产养殖产值是一般种植业的5倍左右；效益是一般种植业的2~3倍。特色水产养殖效益将会更高。在许多地区，水产养殖户已成为致富奔小康的带头人。

（5）小水体池塘养殖能够改善生态环境条件。渔业生产本身具有净化水质，改善生态环境条件的功能，大力发展池塘养殖水产业，增加了改善生态环境条件的能力，利于农业良性循环，可持续发展。

（6）小水体池塘养殖有利于提高人民群众生活水平，发展创汇农业。发展现代渔业，可为人民群众提供优质蛋白类食品，改善膳食结构，提高人体素质。同时，随着对外开放领域和范围的进一步拓宽，渔业发展将融入世界渔业经济的大循环，为我国渔业发展提供了一个更加宽阔的市场平台，水产品出口创汇优势将更加明显。

2. 目前池塘水产养殖存在的问题

水产品特别是名、优、特水产品相对短缺是一个不争的现实，长期以来造成市场有需求而生产能力跟不上的原因是多方面的，其存在的主要问题有以下几个方面。

（1）水资源在大多数地区相对匮乏，且没有很好利用。

（2）对水产养殖宣传不够，养殖信息和新的养殖技术传递不畅，规范组织不力，扶持与示范带动不强，农民认识不足，造成水产养殖积极性不高，水产养殖发展跟不上形势发展需要。

（3）大多数地区人工水产养殖技术水平较低，成本较高，运作风险较大。

（4）一些名优特水产品开发深度不够，缺乏有效扶持和技术服务。

3. 发展现代渔业的基本思路与原则

（1）提高认识，科学发展。发展现代渔业应有一个正确的定位，在大多数地区首先还是发展现代种植业，同时，应积极创造条件，适度配合发展现代渔业。

（2）突出特色发展。小水体池塘养殖发展现代渔业应突出以名、优、特、新水产品种为主，适当配合发展一般常见水产品种。

（3）选择好发展地点。应选择一些水资源条件相对较好或有池塘、废弃砖瓦窑坑、挖沙坑、果园以及大庭院等地方大力发展。

（4）搞好结合共同发展。要大力发展"稻—鱼共养""莲—鱼共养""果园猪—沼—鱼生态系统"等共养模式，促进高效共同发展。

（5）搞好产业化稳步可持续发展。搞好渔业产业化是发展现代渔业必须途径，要采取专业合作组织、示范园区、无公害水产基地等多种形式，搞好规模发展，使之形成产业化，走稳步可持续发展之路。

（6）适当发展观光休闲渔业。应在一些旅游景区、城区、示范园区等地方适当发展观光、垂钓休闲渔业。

4. 发展现代渔业需要采取的措施

现代渔业作为现代农业的一个组成部分，在社会主义新农村建设中将起到不可忽视的作用。所以，我们必须提高对发展现代渔业重要性的认识。根据目前渔业的现状和存在问题，应采取如下措施。

（1）政策引导，加强补贴。目前我国已进入工业反哺农业的新阶段，政府出台了一系列支农惠农政策，渔业作为农业的一个重要部分，也应有支持发展的优惠政策和补贴措施，以启动和支持现代渔业的发展。

（2）科学规划，因地制宜，适度规模发展。

（3）加强组织，搞好示范带动，规范水产养殖事业。

（4）加强技术培训和技术服务工作，提高养殖水平和效益。

（5）搞好技术创新，开发利用好当地养殖饲料资源，降低养殖成本和养殖风险。

（6）按无公害水产品生产标准生产，确保水产品质量安全，走无公害水产品生产之路。

5. 推广"受控式集装箱循环水绿色生态养殖技术"

受控式集装箱循环水绿色生态养殖技术是将池塘养殖与集装箱耦合，从养殖池塘中抽取上层的高氧水，进入标准集装箱进行集约化养殖。针对箱养品种的特点，综合集成高效集污、尾水生态处理、质量和品种控制、绿色病害防控、专用环保型饲料、循环推水、生物净水、便捷化捕捞等关键技术，精准控制养殖环境和过程，实现受控养殖。受控式集装箱循环水绿色生态养殖技术的关键点就是箱体外的循环水系统。集装箱的养殖尾水经过自流微滤机固液分离后回到池塘，经过池塘三级生态净化和臭氧杀菌消毒后，再次回到集装箱内，实现尾水生态处理和循环利用。据了解，养殖箱体只占 $15m^2$，相同产量下可节约 75%～98% 的土地和 95%～98% 的水资源。并且，养出的水产品病害发生率和用药量大幅度降低，鱼在箱体中始终逆水游动，肉质细嫩弹牙没有腥味。此外，箱内"斜面集污"和箱外无动力自转干湿分离器，让养殖废物固体集污效率高达 90% 以上，残饵和鱼粪还可作为肥料实现循环种养，生态效益明显。据试验，每个陆基推水养殖箱体最高产能可达 5t，每亩生态净水池塘可配 2.5 个陆基推水养殖箱体，每亩水体年产量可达 12.5t，是传统池塘养殖的 5 倍。

第二节 农业绿色标准化生产的关键技术

一、农业绿色生产目标要求

我国的农业生产要着力转变农业发展方式，促进农业可持续发展，走新型农业现代化道路。要把农业生产自身污染防治作为一项重要工作来抓，作为转变农业发展方式的重大举措，作为实现农业可持续发展的重要任务。到 2020 年实现化肥农药使用量零增长行动，化肥和主要农作物农药利用率均超过 40%。分别比 2013 年提高 7 个百分点和 5 个百分点，实现农作物化肥、农药使用量零增长。经过一段时间的努力，使农业生产自身污染加剧的趋势得到有效遏制，确保实现 "一控两减三基本" （即严格控制农业用水总量，减少化肥农药施用量，地膜、秸秆、畜禽粪便基本资源化利用）目标。

（一）节约用水

我国水资源短缺，旱涝灾害频繁发生，水土资源分布和组合很不平衡，并且各地作物和生产条件差异很大，特别是华北平原农区缺水严重，农作物产量高，自然降水少，地表可重复利用水源缺乏，农业生产用水主要依靠抽取深层地下水来补充，但近些年地下水位下降较快、较大。一些农业大县地表水和地下水的可重复量是目前农业生产用水量的 1/2，缺水 50%左右。下一步需要通过南水北调补充水源和节约用水提高水利用率的办法来解决水资源问题。目前我国农业灌溉用水的有效利用率仅为 40%左右，一些发达国家农业灌溉用水的有效利用率可达到 70%以上，我们节约用水的潜力还很大。到 2020 年，全国农业灌溉用水总量保持在 3 720 亿 m³ 左右，农田灌溉水有效利用系数达到 0.55。

确立水资源开发利用控制红线、用水效率控制红线和水功能区限制纳污红线。要严格控制入河湖排污总量，加强灌溉水质监测与管理，确保农业灌溉用水达到农田灌溉水质标准，严禁未经处理的工业和城市污水直接灌溉农田。实施"华北节水压采、西北节水增效、东北节水增粮、南方节水减排"战略，加快农业高效节水体系建设。加强节水灌溉工程建设和节水改造，推广保护性耕作、农艺节水保墒、水肥一体化、喷灌、滴灌等技术，改进耕作方式，在水资源问题严重地区，适当调整种植结构，选育耐旱新品种。推进农业水价改革、精准补贴和节水奖励试点工作，增强农民节水意识。

（二）化肥减量

分析造成我国化肥用量较大的主要因素有以下几个：一是有机肥用量偏少，用大量施用化肥来补充。二是化肥品种和区域性结构不尽合理，加上施用方式方法欠佳，利用率偏低，浪费污染严重。三是经济效益相对较高的蔬菜和水果作物上施用量偏大，尤其是设施蔬菜上用量更大，有的地方已经达到严重污染的地步。四是绿肥种植几乎被忽视，面积较小，不能适应生态农业的发展。同时，过量施肥带来的危害也显而易见：一是经济效益受影响，在获得相同产量的情况下，多施化肥就是多投入，经济效益必然下降；二是产品品质不高，特别是氮肥过量后，会增加产品中硝态氮的含量，影响产品品质；三是土壤理化性状变劣，由于化肥对土壤团粒结构有破坏作用，所以，过量施肥后，土壤物理性状不良，通透性变差，致使耕作几年后不得不换土；四是造成环境污染，包括地下水的硝态氮含量超标及土壤中的重金属元素积累；五是过量施肥，会对大棚菜产生肥害。化肥是作物的"粮食"，既要保证作物生产水平的提高，又要控制化肥的使用量，就必须通过增施有机肥料，调整化肥品种结构，大力推广应用测土配方施肥技术，提高化肥利用率。到 2020 年，确保测土配方施肥技术覆盖率达 90% 以上，化肥利用率达到 40% 以上。

（三）农药减量

分析造成我国农药用量较多的主要因素有以下几个：一是由于

近些年来气候的变化和耕作栽培制度的改变，农作物病虫草害呈多发、频发、重发的态势。二是没有实行科学防控，重治轻防和过度依赖化学农药防治，加上用药不科学、喷药机械落后等造成用药数量大，流失浪费污染严重，利用率不高。三是农药品种结构不科学，高效低毒低残留（或无毒无残留）的农药开发应用比重偏低。

农药是控制农作物病虫草害发生的一项主要措施，是农作物丰产丰收的保证，在今后的农作物病虫草害防治工作中，要努力实现"三减一提"，减少农药用量的目标。一是减少施药次数。应用农业防治、生物防治、物理防治等绿色防控技术，创建有利于农作物生长、天敌保护而不利于病虫草害发生的环境条件，预防控制病虫草害发生，从而达到少用药的目的。二是减少施药剂量。在关键时期用药、对症用药、用好药、适量用药，避免盲目加大施用剂量。三是减少农药流失。开发应用现代植保机械，替代跑冒滴漏落后机械，减少农药流失和浪费。四是提高防治效果。扶持病虫草害防治专业服务组织，大规模开展专业化统防统治，提高防治效果，减少用药。到2020年，农作物病虫害绿色防控覆盖率达30%以上，农药利用率达到40%以上。

（四）地膜回收资源化利用

我国地膜进入大面积推广已30多年，成效显著，当前我国地膜覆盖栽培面积达4亿亩以上，地膜年销量已突破140万t。但是，地膜残留污染渐趋严重，据中国农业科学院监测数据显示，目前中国长期覆膜的农田每亩地膜残留量在5~15kg。目前对地膜污染采取的防治途径主要是增加膜厚提高回收率和开发可控全生物降解材料的地膜。到2020年，农膜回收率要达到80%以上。

农膜之所以造成生态污染，首先是回收不力，现在农民普遍使用的农膜非常薄，仅5~6μm，使用后的残膜难回收；其次是自愿回收缺乏动力，强制回收缺乏法律依据；加之机械化回收应用率极低，残膜收购网点少，残膜回收加工企业耗电量大、工艺落后等因素，造成残膜回收十分困难。增加地膜厚度是提高回收率的有效方法之一，但成本也随之增加，目前农民愿意购买的是 6μm 的地膜，政府制定的标准厚度要求是 10±0.01μm。这就需要政府作为，进行有效的补贴。

在提高回收率的基础上，开发可控全生物降解材料的地膜，推广应用于生产还需先解决三大问题。目前还存在降解进程不够稳定可控、成本过高、强度低难减薄三大问题，如能有效解决这些问题，市场前景不可估量。目前，河南省已开始对地膜回收企业制定了奖励政策。

（五）秸秆资源化利用

农作物秸秆也是重要的农业资源，用则为宝，弃则为害。农作物秸秆综合利用有利于推动循环农业发展、绿色发展，有利于培肥地力、提升耕地质量，事关转变农业发展方式、建设现代农业、保护生态环境和防治大气污染，做好秸秆综合利用工作意义重大。当前秸秆资源化利用的途径是秸秆综合利用，禁止露天焚烧。随着我国农民生活水平提高、农村能源结构改善以及秸秆收集、整理和运输成本高等因素，秸秆综合利用的经济性差、商品化和产业化程度低。还有相当多秸秆未被利用，已经利用的也是粗放的低水平利用。从生态良性循环农业的角度出发，秸秆资源化利用应首先满足过腹还田（饲料加工）、食用菌生产、有机肥积造、机械直接还田的需要，其次再考虑秸秆能源和工业原料利用。到 2020 年，秸秆综合利用率达 85% 以上。

秸秆饲料技术。其特点是依靠有益微生物来转化秸秆有机质中的营养成分，增加经济价值，达到过腹还田的效果。秸秆可通过黄贮、青贮、微贮、氨化和压块等多种方式制成饲料用于养殖。氨化指秸秆中加入氨源物质密封堆制。青贮指青玉米秆切碎、装窖、压实、封埋，进行乳酸发酵。微贮指在秸秆中加入微生物制剂，密封发酵。压块指在秸秆晒干后，应用秸秆粉碎机粉碎秸秆，加入其他添加剂后拌匀，倒入颗粒饲料机料斗后，由磨板与压轮挤压加工成颗粒饲料。传统的用途是饲喂草食动物，主要是反刍动物。如何提高秸秆的消化率，补充蛋白质来源是该技术的关键。近几年来，用秸秆发酵饲料饲喂猪、禽等单胃动物，软化和改善适口性，增加采食量来看有一定效果，但关键是看所采用的菌种是否真正具有分解转化粗纤维的能力和能否提高蛋白质的含量。这需通过一定的检验方法和饲喂试验来取得可靠的证据才可进行推广。把秸秆晾干后利用机械粉碎成小段并碾碎，再和其他原料混合，以此作为基料栽培食用菌，生产食用菌，大大降低了生产成本。利用秸秆栽培食用菌也是传统技术，只要能选育和开发出新菌种，或在栽培技术上取得突破，仍将有很大的增值潜力。秸秆肥料技术，包括就地还田和快速沤肥、堆肥等技术。其核心是加速有机质的分解，提高土壤肥力，以利于农业生态系统的良性循环和种植业的持续发展。把秸秆利用菌种制剂将作物秸秆快速堆沤成高效、优质有机肥；或经过粉碎、传输、配料、挤压造粒、烘干等工序，工厂化生产出优质的商品有机肥料。我国人多地少，复种指数高，要求秸秆和留茬必须快速分解，才有利于接茬作物的生长，这是近期秸秆利用的主要方式。

秸秆作能源和工业原料技术。包括秸秆燃气化能源工业和建筑、包装材料工业等生产技术。秸秆热解气化工程技术，是利用秸秆气化装置，将干秸秆粉碎后在经过气化设备热解、氧化和还原反应转换成一氧化碳、氢气、甲烷等可燃气体，经净化、除尘、冷却、储存加压，再通过输配系统，输送到各家各户或企业，用于炊事用能或生产用能。燃烧后无尘无烟无污染，在广大农村这种燃气更具有优势。秸秆燃烧后的草木灰还可以无偿地返还给农民作为肥料。该工程特点是生产规模大，技术与管理要求高，经济效益明显。秸秆气化供气技术比沼气的成本高，投资大，但可集中供应乡镇、农村作为生活用能源。秸秆作建材是利用秸秆中的纤维和木质作填充材料，以水泥、树脂等为基料压制成各种类型的纤维板，其外形美观，质轻并具有较好的耐压强度。把秸秆粉碎、烘干、加入黏合剂、增强剂等利用高压模压机械设备，经辗磨处理后的秸秆纤维与树脂混合物在金属模具中加压成型，可制造纤维板、包装箱、快餐盒、工艺品、装饰板材和一次成型家具等产品，既减轻了环境污染，又缓解了木材供应的压力。秸秆板材制品具有强度高、耐腐蚀、不变形、不开裂、强度高、美观大方及价格低廉等特点。

（六）畜禽粪便资源化利用

随着养殖业的迅猛发展，在解决了人类肉、蛋、奶需求的同时，也带来了严重的环境污染问题。大量畜禽粪便污染物被随意排放到自然环境中，给我国生态环境带来了巨大的压力，严重污染了水体、土壤以及大气等环境，因此，对畜禽粪便进行减量化、无害化和资源化处理，防止和消除畜禽粪便污染，对于保护城乡生态环境、推动现代农业产业和发展循环经济具有十分积极的意义。到2020年，要确保规模畜禽养殖场（小区）配套建设废弃物处理设施比例达75%以上。

畜禽粪便污染治理是一项综合技术，是关系着我国畜禽业发展的重要因素。要想从根本上解决畜禽粪便污染问题，需要在各有关部门转变观念、相互协调、相互配合、各司其职、认真执法的基础上，同时，加强对畜禽粪便处理技术和综合利用技术的不断摸索，特别是对畜禽粪便生态还田技术、生态养殖模式等新思维进行反复探索试验，力争摸索出一条真正适合我国国情、具有中国特色的畜禽粪便污染防治的道路，争取到2020年规模养殖场配套建设粪污处理设施比例达到75%以上，实现畜禽粪便生态还田和"零排放"的目标。具体途径有以下几种。

1. 沼气法

通过畜禽粪便为主要原料的厌氧消化制取沼气、治理污染的全套工程在我国已有近30年历史，近年来技术上又有了很大的发展。总体来说，目前我国的畜禽养殖场沼气无论是装置的种类、数量，还是技术水平，在世界上都名列前茅。用沼气法处理禽畜粪便和高浓度有机废水，是目前较好的利用办法。

2. 堆制生产有机肥

由于高温堆肥具有耗时短、异味少、有机物分解充分、较干燥、易包装、可制成有机肥等优点，目前正成为研究开发处理粪便的热点。但堆肥法也存在一些问题，如处理过程中 NH_3 损失较大，不能完全控制臭气。采用发酵仓加上微生物制剂的方法，可减少 NH_3 的损失并能缩短堆肥时间。随着人们对无公害农产品需求的不断增加和可持续发展的要求，对优质商品有机肥料的需求量也在不断扩大，用畜禽粪便生产无害化生物有机肥也具有很大市场潜力。

3. 探索生态种植养殖模式

生态种植养殖模式主要分为：一是自然放牧与种养结合模式，如林（果）园养鸡、稻田养鸭、养鱼等；二是立体养殖模式，如鸡—猪—鱼、鸭（鹅）—鱼—果—草、鱼—蛙—畜—禽等；三是以沼气为纽带的种养模式，如北方的"四位一体"模式。

4. 其他处理技术

一是用畜禽粪便培养蛆和蚯蚓。如用牛粪养殖蚯蚓，用生石灰作缓冲剂并加水保持温度，蚯蚓生长较好，此项技术已不断成熟，在养殖业将有很好的经济效益。二是用畜禽粪便养殖藻类。藻类能将畜禽粪便中的氨转化为蛋白质，而藻类可用作饲料。螺旋藻的生产培养正日益引起人们的关注。三是发酵床养猪技术。发酵床由锯末、稻糠、秸秆、猪粪等按一定比例混合并加入专用发酵微生物制剂后制作而成。猪在经微生物、酶、矿物元素处理的垫料上生长，粪尿不必清理，粪尿被垫料中的微生物分解、转化为有益物质，可作为猪饲料，这样既对环境无污染，猪舍无臭味，还可减少猪饲料用量。

二、土壤培肥与精准施肥技术

土壤培肥工作是农业绿色发展转型升级过程中一个十分重要的环节，关系到是否能搞好植物生产环节和可持续生产能力。要从了解高产土壤的特点入手，努力培肥土壤，建设和管理好高产农田。

（一）高产土壤的特点

俗话说："万物土中生"，要使作物获得高产，必须有高产土壤作为基础。因为只有在高产土壤中水、肥、气、热、松紧状况等各个肥力因素才有可能调节到适合作物生长发育所要求的最佳状态，使作物生长发育有良好的环境条件，通过栽培管理，才有可能获得高产。高产土壤要具备以下几个特点。

1. 土地平坦，质地良好

高产土壤要求地形平坦，排灌方便，无积水和漏灌的现象，能经得起雨水的侵蚀和冲刷，蓄水性能好，一般中雨、小雨不会流失，能做到水分调节自由。

2. 良好的土壤结构

高产土壤要求土壤质地以壤质土为好，从结构层次来看，通体壤质或上层壤质下层稍黏为好。

3. 熟土层深厚

高产土壤要求耕作层要深厚，以30cm以上为宜。土壤中固、液、气三相物质比以1：1：0.4为宜。土壤总空隙度应在55%左右，其中，大空隙应占15%，小空隙应占40%。土壤容重值在1.1~1.2为宜。

4. 养分含量丰富且均衡

高产土壤要求有丰富的养分含量，并且作物生长发育所需要的大、中量和微量元素含量还要均衡，不能有个别极端缺乏和过分含量现象。在黄淮海平原潮土区一般要求土壤中有机质含量要达到1%以上，全氮含量要大于0.1%，其中，水解氮含量要大于80mg/kg，全磷含量要大于0.15%，其中，速效磷含量要大于30mg/kg，全钾含量要大于1.5%，其中，速效钾含量要大于150mg/kg，另外，其他作物需要的钙、镁、硫中量元素和铁、硼、锰、铜、钼、锌、氯等微量元素也不能缺乏。

5. 适中的土壤酸碱度

高产土壤还要求酸碱度适中，一般 pH 值在 7.5 左右为宜。石灰性土壤还要求石灰反应正常，钙离子丰富，从而有利于土壤团粒结构的形成。

6. 无农药和重金属污染

按照国家对无公害农产品土壤环境条件的要求，农药残留和重金属离子含量要低于国家规定标准。

需要指出的是：以上对高产土壤提出的养分含量指标，只是一个应该努力奋斗的目标，它不是对任何作物都十分适宜的，具体各种作物对各种养分的需求量在不同地区和不同土壤中以及不同产量水平条件下是不尽相同的，故各种作物对高产土壤中各种养分含量的要求也不一致。一般小麦吸收氮、磷、钾养分的比例为 3：1.3：2.5，玉米则为 2.6：0.9：2.2，棉花是 5：1.8：4.8，花生是 7：1.3：3.9，红薯是 0.5：0.3：0.8，芝麻是 10：2.5：11。在生产中，应综合应用最新科研成果，根据作物需肥、土壤供肥能力和近年的化肥肥效，在施用有机肥料的基础上，产前提出各种营养元素肥料适宜用量和比例以及相应的施肥技术，积极地开展测土配方施肥工作，合理而有目的地去指导调节土壤中养分含量，将对各种作物产量的提高和优质起到重要的作用。

（二）用养结合，努力培育高产稳产土壤

我国有数千年的耕作栽培历史，有丰富的用土改土和培肥土壤的经验。各地因地制宜在生产中根据高产土壤特点，不断改造土壤和培肥土壤，才能使农业生产水平得到不断提高。

1. 搞好农田水利建设是培育高产稳产土壤的基础

土壤水分是土壤中极其活跃的因素，除它本身有不可缺少的作用外，还在很大程度上影响着其他肥力因素，因此，搞好农田水利建设，使之排灌方便，能根据作物需要人为地调节土壤水分因素是夺取高产的基础。同时，还要努力搞好节约用水工作，在高产农田要提倡推广滴灌和渗灌技术，以提高灌溉效益。

2. 实行深耕细作，广开肥源，努力增施有机肥料，培肥土壤

深耕细作可以疏松土壤，加厚耕层，熟化土壤，改善土壤的水、气、热状况和营养条件，提高土壤肥力。瘠薄土壤大部分土壤容重值大于1.3，比高产土壤要求的容重值大，所以，需要逐步加深耕层，疏松土壤。要迅速克服目前存在的小型耕作机械作业带来的耕层变浅局面，按照高产土壤要求改善耕作条件，不断加深耕层。

增施有机肥料，提高土壤中有机质的含量，不仅可以增加作物养分，而且还能改善土壤耕性，提高土壤的保水保肥能力，对土壤团粒结构的形成，协调水、气、热因素，促进作物健壮生长有着极其重要的作用。目前大多数土壤有机肥的施用量不足，质量也不高，在一些坡地或距村庄远的地块还有不施有机肥的现象。因此，需要广开肥源，在搞好常规有机肥积造的同时，还要大力发展养殖业和沼气生产，以生产更多的优质有机肥，在增加施用量的同时，还要提高有机肥质量。

3. 合理轮作，用养结合，调节土壤养分

由于各种作物吸收不同养分的比例不同，根据各作物的特点合理轮作，能相应的调节土壤中的养分含量，培肥土壤。生产中应综合考虑当地农业资源，研究多套高效种植制度，根据市场行情，及时进行调整种植模式。同时，在比较效益不低的情况下应适当增加豆科作物的种植面积，充分发挥作物本身的养地作用。

（三）作物营养元素的作用与施肥

植物生长需要内因和外因两方面条件，内因指基因潜力，就是说植物内在动力，植物通过选择优良品种和采用优良种子，产量才有保证；外因是植物与外界交换物质和能量，植物生长发育还要有适当的生存空间。很多因素影响植物的生长发育，它们可大致分为两类：产量形成因素和产量保护因素。产量形成因素分为六大类：养分、水分、大气、温度、光照和空间。在一定范围内，每个因素都会单独对产量的提高作出贡献，但严格地说，它们往往是在相互

配合的基础上提高生物学产量的。产量保护因素主要指对病、虫和杂草的防除和控制，它们保护已经形成的产量不会遭受损失而降低。

六大产量形成因素主要在相互配合的基础上，提高生物产量时需要保持相互之间的平衡，某一因素的过量或不足都会影响作物的产量和品质。

当前，在施肥实践中还存在以下主要问题：一是有机肥用量偏少。20世纪70年代以来，随着化肥工业的高速发展，化肥高浓缩的养分、低廉的价格、快速的效果得到广大农民的青睐，化肥用量逐年增加，有机肥的施用则逐渐减少，进入80年代，实行土地承包责任制后，随着农村劳动力的大量外出转移，农户在施肥方面重化肥施用，忽视有机肥的投入，人畜粪尿及秸秆沤制大量减少，有机肥和无机肥施用比例严重失调。二是氮磷钾三要素施用比例失调。一些农民对作物需肥规律和施肥技术认识和理解不足，存在氮磷钾施用比例不当的问题，如部分中低产田玉米单一施用氮肥（尿素）、不施磷钾肥的现象仍占一定比例；还有部分高产地块农户使用氮磷钾比例为15-15-15的复合肥，不再补充氮肥，造成氮肥不足，磷钾肥浪费的现象，影响作物产量的提高。三是化肥施用方法不当。如氮肥表施问题；磷肥撒施问题。四是秸秆还田技术体系有待于进一步完善。秸秆还田作为技术体系包括施用量、墒情、耕作深度、破碎程度和配施氮肥等关键技术环节，当前农业生产应用过程中存在施用量大、耕地浅和配施氮肥不足等问题，影响其施用效果，需要在农业生产施肥实践中完善和克服。五是施用肥料没有从耕作制度的有机整体系统考虑。现有的施肥模式是建立满足单季作物对养分的需求上，没有充分考虑耕作制度整体养分循环对施肥的要求，上下季作物肥料分配不够合理，肥料资源没有得到充分利用。

在生产中要想获得高产和优质的农产品，首先要选择优良品种，提高基因内在潜力；其次要考虑如何使上述各种产量因素协调平衡，使这些优良品种的基因潜力得到最大限度的发挥，同时，还要考虑产量保护因素进行有效的保护。一般情况下，高产优质的作物品种往往要求更多的养分、水分、光照，更适宜的通气条件，更好的温度控制等外部条件。注意有时更换了作物品种但忽视了满足这些相应的外部条件反而使产量大大受到影响。

1. 植物生长的必需养分

植物是一座天然化工厂，植物从生命之初到结束，它的体内每时每刻都在进行着复杂微妙的化学反应。用最简单的无机物质做原料合成各种复杂的有机物质，从而有了地球上多种多样的植物。植物的这些化学反应是在有光照的条件下进行的，植物叶片的气孔从大气中吸进二氧化碳。其根系从土壤中吸收水分，在光的作用下生成碳水化合物并释放出氧气和热量，这一过程就称作光合作用。光合作用实际上是相当复杂的化学过程，在光反应（希尔反应）中，水反应生成氧，并经历光合磷酸化过程获得能量，这些能量在同时进行的暗反应（卡尔文循环）中使二氧化碳反应生成糖（碳水化合物）。

植物体内的碳水化合物与 13 种矿物质元素：氮、磷、钾、硫、钙、镁、硼、铁、铜、锌、锰、钼、氯进一步合成淀粉、脂肪、纤维素或者氨基酸、蛋白质，原生质或核酸、叶绿素、维生素以及其他各种生命必需物质，由这些物质构造出植物体来。总之，植物在生长过程中所必需的元素有 16 种，另外，4 种元素钠、钴、钒、硅只是对某些植物来说是必需的。

（1）大量营养元素，又称常量营养元素。除来自大气和水的碳、氢、氧元素之外，还有氮、磷、钾 3 种营养元素，它们的含量占作物干重的百分之几十至百分之几。由于作物需要的量比较多，而土壤中可提供的有效性含量又比较少，常常要通过施肥才能满足作物生长的要求，因此，称为作物营养三要素。

（2）中量营养元素有钙、硫、镁 3 种元素。这些营养元素占作物干重的千分之几十至千分之几。

（3）微量营养元素，有铁、硼、锰、铜、锌、钼、氯 7 种营养元素。这些营养元素在植物体内含量极少，只占作物干重的千分之几至百万分之几。

2. 作物营养元素的同等重要性和不可替代性

16种作物营养元素都是作物必需的，尽管不同作物体中各种营养元素的含量差别很大，即使同种作物，也因不同器官，不同年龄，不同环境条件，甚至在一天内的不同时间也有差异，但必需的营养元素在作物体内不论数量多少都是同等重要的，任何一种营养元素的特殊功能都不能被其他元素所代替。另外，无论哪种元素缺乏都对植物生长造成危害并引起特有的缺素症；同样，某种元素过量也对植物生长造成危害，因为一种元素过量就意味着其他元素短缺。植物营养元素分类，见表2-1。

表2-1　植物必须营养元素分类

元素名称	元素符号	养分矿质性	植物需要量	植物燃烧灰分	植物结构组成	植物体内活动性	土壤中流动性
碳	C	非矿质	大量	非灰分	结构		
氢	H	非矿质	大量	非灰分	结构		
氧	O	非矿质	大量	非灰分	结构		
氮	N	矿质	大量	非灰分	结构	强	强
磷	P	矿质	大量	灰分	结构	强	弱
钾	K	矿质	大量	灰分	非结构	强	弱
硫	S	矿质	中量	灰分	结构	弱	强
钙	Ca	矿质	中量	灰分	结构	弱	强
镁	Mg	矿质	中量	灰分	结构	强	强
铁	Fe	矿质	微量	灰分	结构	弱	弱
锌	Zn	矿质	微量	灰分	结构	弱	弱
锰	Mn	矿质	微量	灰分	结构	弱	弱
硼	B	矿质	微量	灰分	非结构	弱	强
铜	Cu	矿质	微量	灰分	结构	弱	弱
钼	Mo	矿质	微量	灰分	结构	强	强
氯	Cl	矿质	微量	灰分	非结构	强	强

（四）增施有机肥料

我国有机肥资源很丰富，但利用率却很低，目前有机肥资源实际利用率不足 40%。其中，畜禽粪便养分还田率为 50% 左右，秸秆养分直接还田率为 35% 左右。增施有机肥料是替代化肥的一个重要途径，也是解决农业面源污染的"双面"有效办法。

1. 有机肥概述

（1）有机肥的概念。有机肥肥料是指有大量有机物质的肥料。这类肥料在农村可就地取材，就地积制，对生态农业的发展起着很大的作用。

（2）有机肥的特点。有机肥料种类多，来源广、数量大、成本低、肥效长，有以下几个特点。

①养分全面：它不但含有作物生育所必需的大量、中量和微量营养元素，而且还含有丰富的有机质，其中，包括胡敏酸、维生素、生长素和抗生素等物质。

②肥效缓：有机肥料中的植物营养元素多呈有机态必须经过微生物的转化才能被作物吸收利用，因此，肥效缓慢。

③对培肥地力有重要作用：有机肥养不仅能够供应作物生长发育需要的各种养分，而且还含有有机质和腐殖质，能改善土壤耕性。协调水、气、热、肥力因素，提高土壤的保水保肥能力。有机肥对增加作物营养，促进作物健壮生长，增强抗逆能力，降低农产品成本，提高经济效益，培肥地力，促进农业良性循环有着极其重要的作用。

④有机肥料中含有大量的微生物以及各种微生物的分泌物——酶、刺激素、维生素等生物活性物质。

⑤现在的有机肥料一般养分含量较低，施用量大，费工费力，因此，需要提高质量。

（3）有机肥料的作用。增施有机肥料是提高土壤养分供应能力的重要措施。有机肥中含氮、磷、钾大量营养元素以及植物所需的各种营养元素，施入土壤后，一方面经过分解逐步释放出来，成为无机状态，可使植物直接摄取，提供给作物全面的营养，减少微量元素缺乏症；另一方面经过合成，部分形成腐殖质，促使土壤中生成各级粒径的团聚体，可贮藏大量有效水分和养分，使土壤内部通气良好，增强土壤的保水、保肥和缓冲性能，供肥时间稳定且长效，能使作物前期发棵稳长，使营养生长与生殖生长协调进行，生长后期仍能供应营养物质，延长植株根系和叶片的功能时间，使生产期长的间套作物丰产丰收。

2. 有机肥料的施用

有机肥料种类较多、性质各异，在使用时应注意各种有机肥的成分、性质，做到合理施用。

（1）动物质有机肥的施用。动物肥料有人粪尿，家畜粪尿、家禽粪、厩肥等。人粪尿含氮较多，而磷、钾较少，所以，常做氮肥施用。家畜粪尿中磷、钾的含较高，而且一半以上为速效性，可做速效磷、钾肥料。马粪和牛粪由于分解慢，一般做厩肥或堆肥基料施用较好，腐熟后做基肥使用。人粪和猪粪腐熟较快，可做基肥，也可做追肥加水浇施。厩肥是家畜粪尿和各种垫圈材料混合积制的肥料，新鲜厩肥中的养料主要为有机态，作物大多不能直接利用，待腐熟后才能施用。

有机肥料腐熟的目的是释放养分，提高肥效，避免肥料在土壤中腐熟时产生某些对作物不利的影响。如与幼苗争夺水分、养分或因局部地方产生高温、氮浓度过高而引起的烧苗现象等，有机肥料的腐熟过程是通过微生物的活动，使有机肥料发生两方面的变化，从而符合农业生产的需要。在这个过程中，一方面是有机质的分解，增加肥料中的有效养分；另一方面是有机肥料中的有机物由硬变软，质地由不均匀变得比较均匀，并在腐熟过程中，使杂草种子和病菌虫卵大部分被消灭。

（2）植物质有机肥的施用。植物质肥料中有饼肥、秸秆等。饼肥为肥分较高的优质肥料，富含有机质、氮素，并含有相当数量的磷、钾及各种微量元素，饼肥中氮磷多呈有机态，为迟效性有机肥。作物秸秆也富含有机质和各种作物营养元素，是目前生产上有机肥的主要原料来源，多采用厩肥或高温堆肥的方式进行发酵腐熟后作为基肥施用。

　　随着生产力的提高，特别是灌溉条件的改善，在一些地方也应用了作物秸秆直接还田技术。在应用秸秆还田时需注意保持土壤墒足和增施氮素化肥，由于秸秆还田的碳氮比较大，一般为（60～100）∶1，作物秸秆分解的初期，首先需要吸收大量的水分软化和吸收氮素来调整碳氮比，一般分解适宜的碳氮比为25∶1，所以应保持足墒和增施氮素化肥，否则，会引起干旱和缺氮。试验证明，小麦、玉米、油菜等秸秆直接还田，在不配施氮、磷肥的条件下，不但不增产，相反还有较大程度的减产。另外，在一些高产地区和高产地块目前秋季玉米秸秆产量较大，全部还田后加上耕层浅，掩埋不好，上层变暗，容易造成小麦苗根系悬空和缺乏氮肥而发育不良甚至死亡。需要部分还田。

　　在一些秋作物上，如玉米、棉花、大豆等适当采用麦糠、麦秸覆盖农田新技术，利用夏季高温多雨等有利气象因素，能蓄水保墒抑制杂草生长，增加土壤有机质含量，提高土壤肥力和肥料利用力，能改变土壤、水、肥、气、热条件，能促进作物生长发育增产增收。该技术节水、节能、省劳力，经济效益显著，是发展高效农业，促进农业生产持续稳定发展的有效措施。采用麦糠、麦秸覆盖，其一，可以减少土壤水分蒸发、保蓄土壤水分。据试验结果说明，玉米生长期覆盖可多保水154mm，较不覆盖节水29%。其二，提高土壤肥力，覆盖一年后氮、磷、钾等营养元素含量均有不同程度的提高。其三，能改变土壤不良理化性状。覆盖保墒改变了土壤的环境条件，使土壤湿度增加，耕层土壤通透性变好，田块不裂缝，不板结，增加了土壤团粒结构，土壤容量下降0.03%～0.06%。其四，能抑制田间杂草生长。据调查，玉米覆盖的地块比不覆盖地块杂草减少13.6%～71.4%。由于杂草减少，土壤养分消耗也相对减少，同时，提高了肥料的利用率。其五，夏季覆盖能降低土壤温度，有利于农作物的生长发育。覆盖较不覆盖的农作物株高、籽粒、千粒重、秸草量均有不同程度的增加，一般玉米可增产10%~20%。麦秸、麦糠覆盖是一项简单易行的土壤保墒增肥措施，覆盖技术应掌握适时适量，麦秸应破碎不宜过长。一般夏玉米覆盖应在玉米长出 6~7 片叶时，每亩秸料 300~400kg，夏棉花覆盖于 7 月初，棉花株高 30cm 左右时进行，在株间均匀撒麦秸每亩300kg 左右。

施用有机肥不但能提高农产品的产量，而且还能提高农产品的品质，净化环境，促进农业生产的生态良性循环。另外，还能降低农业生产成本，提高经济效益。所以，搞好有机肥的积制和施用工作，对增强农业生产后劲，保证生态农业健康稳定发展，具有十分重要的意义。

（3）当前推进有机肥利用的几项措施。第一，推广机械施肥技术，为秸秆还田、有机肥积造等提供有利条件，解决农村劳动力短缺的问题。第二，推进农牧结合，通过在肥源集中区、规模化畜禽养殖场周边、畜禽养殖集中区建设有机肥生产车间或生产厂等，实现有机肥资源化利用。第三，争取扶持政策，已补助的形式鼓励新型经营主体和规模经营主体增加有机肥施用，引导农民积造农家肥、应用有机肥。第四，创新服务机制，发展各种社会化服务组织，推进农企对接，提高有机肥资源的服务化水平。第五，加强宣传引导，加大对新型经营主体和规模经营主体科学施肥的培训力度，营造有机肥应用的良好氛围。

（五）合理施用化学肥料

在增施有机肥的基础上，合理施用化学肥料，是调节作物营养，提高土壤肥力，获得农业持续高产的一项重要措施。但是盲目地施用化肥，不仅会造成浪费，还会降低作物的产量和品质。特别是在目前情况下，应大力提倡经济有效地施用化肥，使其充分有效发挥化肥效应，提高化肥的利用率，降低生产成本，获得最佳产量，并防止造成污染。

1. 化学肥料的概念和特点

一般认为凡是用化学方法制造的或采矿石经过加工制成的肥料统称为化学肥料。

从化肥的施用方面来看，化学肥料具有以下几个方面的特点。

（1）养分含量高，成分单纯。与有机肥相比它养分含量高，成分单一，并且便于运输、贮存和施用。

（2）肥效快，肥效短。化学肥料一般易溶于水，施入土壤后能很快被作物吸收利用，肥效快；但也能挥发和随水流失，肥效不持久。

（3）有酸碱反应。化学肥料有 2 种不同的酸碱反应，即化学酸碱反应和生理酸碱反应。

化学酸碱反应指肥料溶于水中以后的酸碱反应。如过磷酸钙是酸性，碳酸氢铵为碱性，尿素为中性。

生理酸碱反应指经作物吸收后产生的酸碱反应。生理碱性肥料是作物吸收肥料中的阴离子多于阳离子，剩余的阳离子与胶体代换下来的碳酸氢根离子形成重碳酸盐，水解后产生氢氧根离子，增加了土壤溶液的碱性。如硝酸钠肥料。生理酸性肥料是作物吸收肥料中的阳离子多于阴离子，使从胶体代换下来的氢离子增多，增加了土壤溶液的酸性。如硫酸铵肥料。

（4）不含有机物质，单纯大量使用会破坏土壤结构。化学肥料一般不含有机物质，它不能改良土壤，在施用量大的情况下，长期单纯施用某一种化肥会破坏土壤结构，造成土壤板结。

基于化学肥料的以上特点，在施用时要求技术要严，要十分注意平衡、经济的施用，使化肥在农业生产中发挥更大的作用。并且要防止土壤板结，土壤肥力下降。

2. 化肥的合理施用原则

合理施用化肥，一般应遵循以下几个原则。

（1）根据化肥性质，结合土壤、作物条件合理选用肥料品种。在目前化肥不充足的情况下，应优先在增产效益高的作物上施用，使之充分发挥肥效。一般在雨水较多的夏季不要施用硝态氮肥，因为硝态氮易随水流失。在盐碱地不要大量施用氯化铵，因为氯离子会加重盐碱危害。薯类含碳水化合物较多，最好施用铵态氮肥，如碳酸氢铵、硫酸铵等。小麦分蘖期喜欢硝态氮肥，后期则喜欢铵态氮肥，应根据不同时期施用相应的化肥品种。

（2）根据作物需肥规律和目标产量，结合土壤肥力和肥料中养分含量以及化肥利用率确定适宜的施肥时期和施肥量。

不同作物对各种养分的需求量不同。据试验证明，一般亩产100kg 的小麦需从土壤中吸收 3kg 纯氮，1.3kg 五氧化二磷，2.5kg 氧化钾；亩产 100kg 的玉米需从土壤中吸收 2.5kg 纯氮，0.9kg 五氧化二磷，2.2kg 氧化钾；亩产 100kg 的花生（果仁）需从土壤中吸收 7kg 纯氮，1.3kg 五氧化二磷，3.9kg 氧化钾；亩产 100kg 的棉花（棉籽）需从土壤中吸收纯氮 5kg，五氧化二磷 1.8kg，氧化钾 4.8kg。根据作物目标产量，用化学分析的方法或田间试验的方法，首先诊断出土壤中各种养分的供应能力，其次根据肥料中有效成分的含量和化肥利用率，用平衡施肥的方法计算出肥料的施用量。

作物不同的生育阶段，对养分的需求量也不同，还应根据作物的需肥规律和土壤的保肥性来确定适宜的施肥时期和每次数量。在通常情况下，有机肥、磷肥、钾肥和部分氮肥作为基肥一次施用。一般作物苗期需肥量少，在底肥充足的情况下可不追施肥料；如果底肥不足或间套种植的后茬作物未施底肥时，苗期可酌情追施肥料，应早施少施，追施量不应超过总施肥量的 10%，作物生长中期，即营养生长和生殖生长并进期，如小麦起身期、玉米拔节期、棉花花铃期、大豆和花生初花期、白菜包心期，生长旺盛，需肥量增加，应重施追肥；作物生长后期，根系衰老，需肥能力降低，一般追施肥料效果较差，可适当进行叶面喷肥，加以补充，特别是双子叶作物叶面吸肥能力较强，后期喷施肥料效果更好，作物的一次追肥数量，要根据土壤的保肥能力确定。一般沙土地保肥能力差，应采用少施勤施的原则，一次亩追施标准氮肥（硫酸铵）不宜超过 15kg；两合土保肥能力中等，每次亩追施标准氮肥不宜超过 30kg；黏土地保肥能力强，每次亩追施标准氮肥不宜超过 40kg。

（3）根据土壤、气候和生产条件，采用合理的施肥方法。

肥料施入土壤后，大部分会被植物吸收利用或被胶体吸附保存起来，但是还有一部分会随水渗透流失或形成气体挥发，所以，要采用合理的施肥方法。因此，一般要求基肥应深施，结合耕地边耕边施肥，把肥料翻入土中；种肥应底施，把肥料条施于种子下面或种子一旁下侧，与种子隔离；追肥应条施或穴施，不要撒施。应施在作物一侧或两侧的土层中，然后覆土。

硝态氮肥一般不被胶体吸附，容易流失，提倡灌水或大雨后穴施在土壤中。

铵态和酰铵态氮肥，在沙土地的雨季也提倡大雨后穴施，施后随即盖土，一般不应在雨前或灌水前撒施。

（六）应用叶面喷肥技术

叶面喷肥是实现作物高效种植的重要措施之一，一方面作物高效种植，生产水平较高，作物对养分需要量较多；另一方面作物生长初期与后期根部吸收能力较弱，单一由根系吸收养分已不能完全满足生产的需要。叶面喷肥作为强化作物营养和防治某些缺素症的一种施肥措施，能及时补充营养，可较大幅度地提高作物产量，改善农产品品质，是一项肥料利用率高、用量少而经济有效的施肥技术措施。实践证明，叶面喷肥技术在农业生产中有较大增产潜力。现把叶面喷肥在主要农作物上的应用技术和增产作用介绍如下。

1. 叶面喷肥的特点及增产效应

（1）养分吸收快。叶面肥由于喷施于作物叶表，各种营养物质可直接从叶片进入体内，直接参与作物的新陈代谢过程和有机物的合成过程，吸收养分快。据测定，玉米 4 叶期叶面喷用硫酸锌，3.5 小时后上部叶片吸收已达 11.9%，48 小时后已达 53.1%。如果通过土壤施肥，施入土壤中首先被土壤吸附，然后再被根系吸收，通过根、茎输送才能到达叶片，这种养分转化输送过程最快也必须经过 80 小时以上。因此，无论从速度、效果的哪一方面讲，叶面喷肥都比土壤施肥的作用来得及时、显著。在土壤中，一些营养元素供应不足，成为作物产量的限制因素时，或需要量较小，土壤施用难以做到均匀有效时，利用叶面喷施反应迅速的特点，在作物各个生长时期及不同阶段喷施叶面肥，以协调作物对各种营养元素的需要与土壤供肥之间的矛盾，促进作物营养均衡、充足，保持健壮生长发育，才能使作物高产优质。

（2）光合作用增强，酶的活性提高。在形成作物产量的若干物质中，90%~95% 来自光合作用的产物。但光合作用的强弱，在同样条件下和植株内的营养水平有关。作物叶面喷肥后，体内营养均衡、充足，促进了作物体内各种生理进程的进展，显著地提高了光合作用的强度。据测定，大豆叶面喷施后平均光合强度达到 $22.69mg/dm^2 \cdot$ 小时，比对照提高了 19.5%。

作物进行正常代谢的必不可少的条件是酶的参与，这是作物生命活动最重要的因素，其中，也有营养条件的影响，因为许多作物所需的常量元素和微量元素是酶的组成部分或活性部分。如铜是抗坏血酸氧化镁的活性部分，精氨酸酶中含有锰，过氧化氢酶和细胞色素中含有铁、氨、磷和硫等营养元素。叶面喷施能极明显地促进酶的活性，有利于作物体内各种有机物的合成、分解和转变。据试验，花生在荚果期喷施叶面肥，固氮酶活性可提高 5.4%~24.7%，叶面喷肥后能促进根、茎、叶各部位酶的活性提高 15%~31%。

（3）肥料用料省，经济效益高。叶面喷肥用量少，既可高效能利用肥料，也可解决土壤施肥常造成一部分肥料被固定而降低使用效率的问题。叶面喷肥效果大于土壤施肥。如叶面喷硼肥的利用率是施基肥的 8.18 倍；洋葱生长期间，每亩用 0.25kg 硫酸锰加水喷施与土壤撒施 7kg 的硫酸锰效果相同。

2. 主要作物叶面喷肥技术

叶面喷肥一般是以肥料水溶液形式均匀得喷洒在作物叶面上。实践证明，肥料水溶液在叶片上停留的时间越长，越有利于提高利用率。因此，在中午烈日下和刮风天喷洒效果较差，以无风阴天和晴天 9：00 前或 16：00 后进行为宜。由于不同作物对某种营养元素的需要量不同，不同土壤中多种营养元素含量也有差异，所以，不同作物在不同地区叶面施用肥料效果也差别很大。现把一些肥料在主要农作物上叶面喷施的试验结果分述如下。

（1）小麦。

尿素：亩用量 0.5~1.0kg，对水 40~50kg，在拔节至孕穗期喷洒，可增产 8%~15%。

磷酸二氢钾：亩用量 150~200g，对水 40~50kg，在抽穗期喷洒，可增产 7%~13%。

以硫酸锌和硫酸锰为主的多元复合微肥亩用量 200g，对水 40~50kg，在拔节至孕穗期喷洒，可增产 10% 以上。

综合应用技术，在拔节肥喷微肥，灌浆期喷硫酸二氢钾，缺氧发黄田块增加尿素，对预防常见的干热风危害作物较好。蚜虫发病较重的田块，结合防蚜虫进行喷施。可起到一喷三防的作用，一般增加穗粒数 1.2~2 个，提高千粒重 1~2g，亩增产 30kg 左右，增产 20% 以上。

（2）玉米。近年来玉米植株缺锌症状明显，应注意增施硫酸锌，亩用量 100g，加水 40~50kg，在出苗后 15~20 天喷施，隔 7~10 天再喷 1 次，可增长穗长 0.2~0.8cm；秃顶长度减少 0.2~0.4cm，千粒重增加 12~13g，增产 15% 以上。

（3）棉花。棉花生育期长，对养分的需要量较大，而且后期根系功能明显减退，但叶面较大且吸肥功能较强，叶面喷肥有显著的增产作用。

喷氮肥防早衰：在 8 月下旬至 9 月上旬，用 1% 尿素溶液喷洒，每亩 40~50kg，隔 7 天左右喷 1 次，连喷 2~3 次，可促进光合作用，防早衰。

喷磷促早熟：从 8 月下旬开始，用过磷酸钙 1kg 加水 50kg，溶解后取其过滤液，每亩用每亩 50kg，隔 7 天喷 1 次，连喷 2~3 次，可促进种子饱满，增加铃重，提早吐絮。

喷硼攻大桃：一般从铃期开始用 0.1% 硼酸水溶液喷施，每亩用 50kg，隔 7 天喷 1 次，连喷 2~3 次，有利于多坐桃，结大桃。

综合性叶面棉肥：每亩每次用量 250g，加水 40kg，在盛花期后喷施 2~3 次，一般增产 15.2%~31.5%。

（4）大豆。大豆对钼反应敏感，在苗期和盛花期喷施浓度为 0.05%~0.1% 的钼酸铵溶液每亩每次 50kg，可增产 13% 左右。

（5）花生。花生对锰、铁等微量元素敏感，"花生王"是以该两种元素为主的综合性施肥，从初花期到盛花期，每亩每次用量 200g，加水 40kg 喷洒 2 次，可使根系发达，有效侧枝增多，结果多，饱果率高，一般增产 20%~35%。

（6）叶菜类蔬菜（如大白菜、芹菜、菠菜等）。叶菜类蔬菜产量较高，在各个生长阶段需氮较多，叶面肥以尿素为主，一般喷施浓度为 2%，每亩每次用量 50kg，在中后期喷施 2~4 次，另外中期喷施 0.1% 浓度的硼砂溶液 1 次，可防止芹菜"茎裂病"、菠菜"矮小病"、大白菜"烂叶病"，一般增产 15%~30%。

（7）瓜果类蔬菜（如黄瓜、番茄、茄子、辣椒等）。此类蔬菜一生对氮磷钾肥的需要比较均衡，叶面喷肥以磷酸二氢钾为主，喷施浓度以 0.5% 为宜，每亩每次用量 50kg。在中后期喷施 3~5 次，可增产 8.6%。

（8）根茎类蔬菜（如大蒜、洋葱、萝卜、马铃薯等）。此类蔬菜一生中需磷钾较多，叶面喷肥应以磷钾为主，喷施硫酸钾浓度为 0.2% 或 3% 过磷酸钙加草木灰浸出液，每亩每次用量 50kg 液，在中后期喷施 3~4 次。另外，萝卜在苗期和根膨大期各喷 1 次 0.1% 的硼酸溶液。每亩每次用量 40kg，可防治"褐心病"，一般可增产 17%~26%。

　　随着高效种植和产量效益的提高，一种作物同时缺少几种养分的现象将普遍发生，今后的发展方向将是多种肥料混合喷施，可先预备一种肥料溶液，然后按用量加入其他肥料，而不能先配制好几种肥液再混合喷施。在加入多种肥料时应考虑各种肥料的化学性质，在一般情况下起反应或拮抗作用的肥料应注意分别喷施。如磷、锌有拮抗作用，不宜混施。

　　叶面喷施在农业生产中虽有独到之功，增产潜力很大，应该不断总结经验加以完善，但叶面喷肥不能完全替代作物根部土壤施肥。因为根部比叶面有更大更完善的吸收系统。我们必须在土壤施肥的基础上。配合叶面喷肥，才能充分发挥叶面喷肥的增效、增产、增质作用。

　　作物单位产量养分吸收量，可由田间试验和植株地上部分分析化验或查阅有关资料得到。由于不同作物的生物特性有差异，使不同作物每形成一定数量的经济产量所需养分总量是不同的。主要作物形成 100kg 经济产量所需养分量，见表 2-2。

表 2-2　主要作物形成 100kg 经济产量所需养分量

作物	纯氮（kg）	五氧化二磷（kg）	氧化钾（kg）
玉米	2.62	0.90	2.34
小麦	3.00	1.20	2.50
水稻	1.85	0.85	2.10
大豆	7.20	1.80	4.09
甘薯	0.35	0.18	0.55
马铃薯	0.55	0.22	1.02
棉花	5.00	1.80	4.00
油菜	5.80	2.50	4.30
花生	6.80	1.30	3.80
烟叶	4.10	0.70	1.10
芝麻	8.23	2.07	4.41

（续表）

作物	纯氮 （kg）	五氧化二磷 （kg）	氧化钾 （kg）
大白菜	0.19	0.087	0.342
番茄	0.45	0.50	0.50
黄瓜	0.40	0.35	0.55
大蒜	0.30	0.12	0.40

由于不同地区，不同产量水平下作物从土壤中吸收养分的量也有差异，故在实际生产中应用表 2-2 的数据时，应根据情况，酌情增减。

三、农作物病虫草害绿色防控技术

随着农业生产水平的不断提高和现代化生产方式的发展，农作物病虫害的发生越来越严重，已成为制约农业生产的重要因素之一，20 世纪 80 年代以来，利用农药来控制病虫害的技术，已成为夺取农业丰收不可缺少的关键技术措施。由于化学农药防治病虫害可节省劳力，达到增产、高效、低成本的目的，特别是在控制危险性、暴发性病虫害时，农药就更显示出其不可取代的作用和重要性。但近些年来化学农药的大量施用，污染了土壤环境，致使农产品中农药残留较多，质量下降，也给人类带来了危害。

农作物病虫害防治和农药的科学使用是一项技术性很强的工作，近年来，我国农药工业发展迅速，许多高效、低毒的新品种、新剂型不断产生，农作物病虫害防治和农药的应用技术也在不断革新，又促使农药不断更新换代。所以，农作物病虫害防治技术也在不断创新和提高。在应用化学农药防治病虫害时，既要考虑选择有效、安全、经济、方便的品种，力求提高防治效果，也要避免产生药害进行无公害生产，还要兼顾对土壤环境的保护，防止对自然资源破坏。当前各地在病虫害防治中，还存在着许多问题，造成了费工、费药、污染重、有害生物抗药性迅速增强、对作物为害严重的

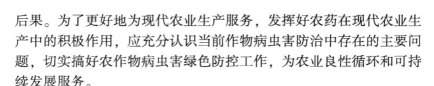

后果。为了更好地为现代农业生产服务，发挥好农药在现代农业生产中的积极作用，应充分认识当前作物病虫害防治中存在的主要问题，切实搞好农作物病虫害绿色防控工作，为农业良性循环和可持续发展服务。

（一）当前农作物病虫害防治中存在的主要问题

1. 病虫草害发生危害不断加重

农作物病虫草害因生产水平的提高、作物种植结构调整、耕作制度的变化、品种抗性的差异、气候条件异常等综合因素影响，病虫草害发生为害越来越重，病虫草害发生总体趋势表现为发生种类增多、频率加快、区域扩大、时间延长、程度趋重；同时，新的病虫草害不断侵入和一些次要病虫草害逐渐演变为主要病虫草害，增加了防治难度和防治成本。例如，随着日光温室蔬菜面积的不断扩大，连年重茬种植，辣椒根腐病、蔬菜根结线虫病、斑潜蝇、白粉虱等次要病虫害上升为主要病虫害，而且周年发生，给防治带来了困难。

2. 病虫草害综防意识不强

目前，大部分地区小户经营，生产规模较小，在农作物病虫草害防治上存在"应急防治为重、化学防治为主"的问题，不能充分从整个生态系统去考虑，而是单一进行某虫、某病的防治，不能统筹考虑各种病虫草害防治及栽培管理的作用，防治方法也主要依赖化学防治，农业、物理、生物、生态等综合防治措施还没有被农民完全采纳，甚至有的农民对先进的防治技术更是一无所知。即使在化学防治过程中，也存在着药剂选择不当、用药剂量不准、用药不及时、用药方法不正确、见病、见虫就用药，甚至有人认为用药浓度越大越好等问题。造成了费工、费药、污染重、有害生物抗药性强、对作物为害严重的后果。

3. 忽视病虫草害的预防工作，重治轻防

生产中常常忽略栽培措施及经常性管理中的防治措施，如合理密植、配方施肥、合理灌溉、清洁田园等常规性防治措施，而是在

病虫大发生时才去进行防治，往往造成事倍功半的效果，且大量的用药会使病虫产生抗药性。同时，也造成了环境污染。

4. 重视化学防治，忽视其他防治措施

当前的病虫草害防治，以化学农药控制病虫及挽回经济损失能力最大而广受群众称赞，但长期依靠某一有效农药防治某些病虫或草，只简单地重复用药，会使病虫产生抗性，防治效果也就降低。这样，一个优秀的杀虫剂或杀菌剂或除草剂，投入生产中去不到几年效果就锐减。故此，化学防治必须结合其他防治进行，化学防治应在其他防治措施的基础上，作为第二性的防治措施。

5. 乱用农药和施用剧毒农药

一方面，在病虫防治上盲目加大用药量，一些农户为快速控制病虫发生，将用药量扩大 1~2 倍，甚至更大，这样造成了农药在产品上的大量积累，也促进了病虫抗性的产生。另一方面，当病虫害发生时，乱用乱配农药，有时错过了病虫防治适期，造成了不应有的损失，更有违反农药安全施用规定，大剂量将一些剧毒农药在大葱、花生等作物上施用，既污染蔬菜和环境，又极易造成人畜中毒，更不符合无公害蔬菜生产要求。

6. 忽视了次要病虫害的防治

长期单一用药，虽控制了某一病虫草害的发生，同时，使一些次要病虫草害上升为主要病虫草害，例如，目前一些地方在大葱上发生的灯蛾类幼虫、甜菜夜蛾、甘蓝夜蛾、棉铃虫等虫害及大葱疫病、灰霉病、黑斑病等病害均使部分地块造成巨大损失。又如，目前联合机收后有大量的麦秸麦糠留在田间，种植夏玉米后，容易造成玉米苗期二点委夜蛾大发生，对玉米为害较大。

7. 农药市场不规范

农药是控制农作物重大病虫草为害，保障农业丰收的重要生产资料，农药又是一种有毒物质，如果管理不严、使用不当，就可能对农作物产生药害，甚至污染环境，危害人畜健康和生命安全。目前农药经营市场主要存在以下问题：一是无证经营农药。个别农药

经营户法制意识淡薄，对农药执法认识不足，办证意识不强，经营规模较小，采取无证"游击"经营。尤其近几年不少外地经营者打着"农科院、农业大学、高科技、农药经营厂家"的幌子直接向农药经营门市推销农药或把农药送到田间地头。二是农药产品质量不容乐观。农药产品普遍存在着"一药多名、老药新名"及假、冒、伪、劣、过期农药、标签不规范农药的问题，甚至有些农药经营户乱混乱配、误导用药，导致防治效果不佳，直接损害农民的经济利益。三是销售和使用国家禁用和限用农药品种的现象还时有发生。

8. 施药防治技术落后

一是农药经营人员素质偏低，对农药使用、病虫害发生不清楚，不能从病虫害发生的每一关键环节入手指导防治问题，习惯于头痛治头，脚痛医脚的简单方法防治，致使防治质量不高，防治效果不理想。二是农民的施药器械落后。农民为了省钱，在生产中大多使用落后的施药器械，其结构型号、技术性能、制造工艺都很落后，"跑、冒、滴、漏"严重，导致雾滴大，雾化质量差，很难达到理想的防治效果。

(二) 农作物病虫害综合防治的基本原则

农作物病虫害防治的出路在于综合防治，防治的指导思想核心应是压缩病虫害所造成的经济损失，并不是完全消灭病虫害原，所以，采取的措施应对生产、社会和环境乃至整个生态系统都是有益的。

1. 坚持病虫害防治与栽培管理有机结合的原则

作物的种植是为了追求高产、优质、低成本，从而达到高效益。首先应考虑选用高产优质品种和优良的耕作制度栽培管理措施来实现；再结合具体实际的病虫害综合防治措施，摆正高产优质、低成本与病虫害防治的关系。若病虫草害严重影响作物优质高产，则栽培措施要服从病虫害防治措施。同样，病虫害防治的目的也是优质高产，只有两者有机结合，即把病虫害防治措施寓于优质高产栽培措施之中，病虫草防治要照顾优质高产，才能使优质高产下的栽培措施得到积极地执行。

2. 坚持各种措施协调进行和综合应用的原则

利用生产中各项高产栽培管理措施来控制病虫害的发生，是最基本的防治措施，也是最经济最有效的防治措施，如轮作、配方施肥、肥水管理、田间清洁等。合理选用抗病品种是病虫害防治的关键，在优质高产的基础上，选用如优良品种，并配以合理的栽培措施，就能控制或减轻某种病虫害的为害。生物防治即直接或间接地利用自然控制因素，是病虫草害防治的中心。在具体实践中，要协调好化学用药与有益生物间的矛盾，保护有效生物在生态系统中的平衡作用，以便在尽量少地杀伤有益生物的情况下去控制病虫草害，并提供良好的有益生态环境，以控制害虫和保护侵染点，抑制病菌侵入。在病虫草害防治中，化学防治只是一种补救措施，也就是运用了其他防治方法之后，病虫害的为害程度仍在防治水平标准以上，利用其他措施也功效甚微时，就应及时采用化学药剂控制病虫害的流行，以发挥化学药剂的高效、快速、简便又可大面积使用的特点，特别是在病虫害即将要大流行时，也只有化学药剂才能担当起控制病虫害的重任。

3. 坚持预防为主，综合防治的原则

要把预防病虫害的发生措施放在综合防治的首位，控制病虫害在发生之前或发生初期，而不是待病虫害发生之后才去防治。必须把预防工作放在首位，否则，病虫害防治就处于被动地位。

4. 坚持综合效益第一的原则

病虫害的防治目的是保质、保产，而不是绝灭病虫生物，实际上也无法灭绝。故此，需化学防治的一定要进行防治，一定要从经济效益即防治后能否提高产量增加收入，是否危及生态环境、人畜安全等综合效益出发，去进行综合防治。

5. 坚持病虫害系统防治原则

病虫害存在于田间生态系统内，有一定的组成条件和因素。在

防治上就应通过某一种病虫或某几种病虫的发生发展进行系统性的防治，而不是孤立地考虑某一阶段或某一两种病虫去进行防治。其防治措施也要贯穿到整个田间生产管理的全过程，绝不能在病虫害发生后才考虑进行病虫害的防治。

（三）病虫害防治工作中需要采取的对策

1. 抓好重大病虫害的监测，提高预警水平

要以农业农村部建设有害生物预警与控制区域站项目为契机，配备先进仪器设备，提高监测水平，增强对主要病虫害的预警能力，确保预报准确，并加强与广电、通信等部门的联系与合作，开展电视、信息网络预报工作，使病虫害预报工作逐步可视化、网络化，提高病虫害发生信息的传递速度和病虫害测报的覆盖面，以增强病虫害的有效控制能力。

2. 提高病虫害综合防治能力

一是要增强国家公益性植保技术服务手段，以科技直通车、农技 110、12316 等技术服务热线电话、科技特派员、电视技术讲座等形式加强对农民技术指导和服务。二是建立和完善县、乡、村和各种社会力量（如龙头企业、中介组织等）参与的植保技术服务网络，扩大对农民的服务范围。三是加快病虫害综合防治技术的推广和普及，提高农民对农作物病虫害防治能力，确保防治效果。

3. 加强技术培训，提高农技人员和农民的科技素质

一是加强农业技术人员的培训，以提高他们的病虫综合防治的技术指导能力。二是加强职业农民的培训。以办培训班、现场会、田间学校及"新型农民培训工程"项目的实施这个平台等多种形式广泛开展技术培训，指导农民科学防治，提高他们的病虫害综合防治素质，并指导农民按照《农药安全使用规定》和《农药合理使用准则》等有关规定合理使用农药，从根本上改变农民传统的施药理念，全面提高农民的施药水平。三是要特别加强对植保服务组织的培训，使之先进的防治技术能及时应用到生产中去，以较低的成本，发挥最大的效益。

4. 加强农药市场管理，确保农民用上放心药

一是加强岗前培训，规范经营行为。为了切实规范农药经营市场，凡从事农药经营的单位必须经农药管理部门进行经营资格审查，对审查合格的要进行岗前培训，经培训合格后方能持证上岗经营农药。通过岗前培训学习农药法律、法规，普及农药、植保知识，大力推广新农药、新技术，对农作物病虫害进行正确诊断，对症开方卖药，以科学的方法指导农民进行用药防治。二是加大农药监管力度。农药市场假冒伪劣农药、国家禁用、限用农药屡禁不止的重要原因是没有堵死"源头"，因此，加强农药市场监督管理，严把农药流通的各个关口，确保广大农民用上放心药。

5. 加大病虫害综合防治技术的引进、试验、示范力度

按照引进、试验、示范、推广的原则，加大植保新技术、新药剂的引进、试验、示范力度，及时向广大农民提供看得见、摸得着的技术成果，使病虫综合防治新技术推广成为农民的自觉行动；同时，建立各种技术综合应用的试验示范基地，使其成为各种综合技术的组装车间，农民学习新技术的田间学校，优质、高产、高效、安全、生态农业的示范园区。

（四）农作物病虫害绿色防控技术

农作物病虫害绿色防控技术其内涵就是按照"绿色植保"理念，采用农业防治、物理防治、生物防治、生态调控以及科学、合理、安全使用农药的技术，达到有效控制农作物病虫害，确保农作物生产安全、农产品质量安全和农业生态环境安全。

控制有害生物发生为害的途径有以下 3 种：一是消灭或抑制其发生与蔓延；二是提高寄主植物的抵抗能力；三是控制或改造环境条件，使之有利于寄主植物而不利于有害生物。具体防控技术如下。

1. 严格检疫

防止检疫性病害传入和扩大蔓延。

2. 种植抗病品种

选择适合当地生产的高产、抗病虫害、抗逆性强的优良品种，这是防病虫增产，提高经济效益的最有效方法。

3. 采用农业措施，实施健身栽培技术

通过非化学药剂种子处理，培育壮苗，加强栽培管理，中耕除草，秋季深翻晒土，清洁田园，轮作倒茬、间作套种等一系列农业措施，创造不利于病虫发生发展的环境条件，从根本上控制病虫的发生和发展，起到防治病虫害的作用。具体措施如下。

（1）实行轮作倒茬。

（2）合理间作。如辣椒与玉米间作。

（3）田间清洁。病虫组织残体从田间清除。

（4）适时播种。

（5）起垄栽培。

（6）合理密植。

（7）平衡施肥。增施腐熟好的有机肥，配合施用磷钾肥，控制氮肥的施用量。

（8）合理灌水。

（9）带药定植。

（10）嫁接防病。

（11）保护地栽培合理放风，通风口设置细纱网。

（12）合理修剪、做好支架、吊蔓和整枝打杈。

（13）果树主干涂白，用水 10 份、生石灰 3 份、食盐 0.5 份、硫黄粉 0.5 份。

（14）地面覆草。

4. 物理措施

应尽量利用灯光诱杀、色彩诱杀、性诱剂诱杀、机械捕捉害虫等物理措施。

（1）色板诱杀。黄板诱杀蚜虫和粉虱；蓝板诱杀蓟马。

（2）防虫网阻隔保护技术。在通风口设置或育苗床覆盖防

虫网。

（3）果实套袋保护。

5. 适时利用生态防控技术

在保护地栽培中及时调节棚室内温湿度、光照、空气等，创造有利于作物生长，不利于病虫害发生的条件。一是"五改一增加"，即改有滴膜为无滴膜；改棚内露地为地膜全覆盖种植；改平畦栽培为高垄栽培；改明水灌溉为膜下暗灌；改大棚中部通风为棚脊高处通风；增加棚前沿防水沟。二是冬季灌水，掌握"三不浇三浇三控"技术，即阴天不浇晴天浇；下午不浇上午浇；明水不浇暗水浇；苗期控制浇水；连续阴天控制浇水；低温控制浇水。

6. 充分利用微生物防控技术

天敌释放与保护利用技术：保护利用瓢虫、食蚜蝇：控制蚜虫；捕食螨：控制叶螨，防效 75% 以上；丽蚜小蜂：控制蚜虫、粉虱；花绒坚甲、啮小蜂：控制天牛；赤眼蜂：控制玉米螟，防效 70% 等。

7. 微生物制剂利用技术

尽可能选微生物农药制剂。微生物农药既能防病治虫，又不污染环境和毒害人畜，且对于天敌安全，对害虫不产生抗药性。如枯草芽孢杆菌防治枯萎病、纹枯病；哈茨木真菌防治白粉、霜霉、枯萎病等；寡雄腐霉防治白粉、灰霉、霜霉、疫病等；核多角体病毒防治夜蛾、菜青虫、棉铃虫等；苏云金杆菌防治棉铃虫、水稻螟虫、玉米螟等；绿僵菌防治金龟子、蝗虫等；白僵菌防治玉米螟等；淡紫拟青霉防治线虫等；厚垣轮枝菌防治线虫等。还有中等毒性以下的植物源杀虫剂、拒避剂和增效剂。特异性昆虫生长调节剂也是一种很好的选择，它的杀虫机理是抑制昆虫生长发育，使之不能脱皮繁殖，对人畜毒性度极低。以上这几类化学农药，对病虫害均有很好的防治效果。

8. 抗生素利用技术

（1）宁南霉素防治病毒病。

（2）申嗪霉素防治枯萎病。

（3）多抗霉素防治枯萎病、白粉病、稻纹枯、灰霉病、斑点落叶病。

（4）甲氨基阿维菌素苯甲酸盐防治叶螨、线虫。

（5）链霉素防治细菌病害。

（6）宁南霉素、嘧肽霉素防治病毒病。

（7）春雷霉素防治稻瘟病。

（8）井冈霉素防治水稻纹枯。

9. 植物源农药、生物农药应用技术

（1）印楝素防治线虫。

（2）辛菌胺防治稻瘟病、病毒病、棉花枯萎病拌种喷施均可并安全高效。

（3）地衣芽孢杆菌拌种包衣防治小麦全蚀病、玉米粗缩病、水稻黑条矮缩病等安全高效。

（4）香菇多糖防治烟草、番茄、辣椒病毒病，安全高效。

（5）晒种、温汤浸种、播种前将种子晒2~3天。

（6）太阳能土壤消毒技术。采用翻耕土壤，撒施石灰氮、秸秆，覆膜进行土壤消毒，防控枯萎病、根腐病、根结线虫病。

10. 植物免疫诱抗技术

如寡聚糖、超敏蛋白等诱抗剂。

11. 科学使用化学农药技术

在其他措施无法控制病虫害发生发展的时候，就要考虑使用有效的化学农药来防治病虫害。使用的时候要遵循以下原则：一是科学使用化学农药。选择无公害蔬菜生产允许限量使用的，高效、低毒、低残留的化学农药。二是对症下药。在充分了解农药性能和使用方法的基础上，确定并掌握最佳防治时期，做到适时用药，同时，要注意不同物种类、品种和生育阶段的耐药性差异，应根据农

药毒性及病虫草害的发生情况，结合气候、苗情，选择农药的种类和剂型，严格掌握用药量和配制浓度，只要把病虫害控制在经济损害水平以下即可，防止出现药害或伤害天敌。提倡不同类型、种类的农药合理交替和轮换使用，可提高药剂利用率，减少用药次数，防止病虫产生抗药性，从而降低用药量，减轻环境污染。三是合理混配药剂。采用混合用药方法，能达到一次施药控制多种病虫为害的目的，但农药混配时要以保持原药有效成分或有增效作用，不产生剧毒并具有良好的物理性状为前提。

（1）农药科学使用技术。

①选择适宜农药：种类与剂型。

②适时施用农药。

③适量用药。

④选择合适的施药方法：提倡种苗处理、苗床用药。

⑤轮换使用农药。

⑥合理混配农药。

⑦安全使用农药：严禁使用高毒、高残留农药品种。

⑧确保农药使用安全间隔期。

（2）目前防治农作物主要病害高效低毒药剂。

①锈病、白粉病：稀唑醇、戊唑醇、丙环唑、腈菌唑。

②黑粉病：锈病药剂用多抗霉素B或地衣芽孢杆菌拌种或包衣兼治根腐、茎基腐。

③小麦赤霉病：扬花期喷咪鲜胺、酸式络氨铜、氰烯菌酯、多菌灵。

④小麦全蚀病：全蚀净、地衣芽孢杆菌、适乐时、立克锈。

⑤小麦纹枯病：烯唑醇、腈菌唑、氯啶菌酯、丙环唑。

⑥稻瘟病：辛菌胺醋酸盐、井冈·多菌灵、三环唑、枯草芽孢杆菌。水稻属喜硼喜锌作物，全国90%的土地都缺锌缺硼。以上药物加上高能锌高能硼既增强免疫力又增产改善品质。

⑦水稻纹枯病：络氨铜、噻呋酰胺、己唑醇。

⑧稻曲病：井·蜡质芽孢杆菌、氟环唑、酸式络氨铜。

⑨根腐线虫病：甘薯、马铃薯、麻山药、铁棍山药、白术等，黑斑、糊头黑烂、疫病用马铃薯病菌绝或吗胍·硫酸铜加高能钙，既治病治本又增产提高品。

⑩苗期病害及根部病害：嘧菌酯、恶霉·甲霜灵、烂根死苗用农抗120或吗胍·硫酸铜加高能锌，既治病治本又增产提高品。

⑪炭疽病、褐斑黄斑病：咪鲜胺、腈苯唑、苯甲·醚菌酯、辛菌胺、络氨铜。以上药物加上高能锰高能钼，既能打通维管束又能高产彻底治病治本，提高品质。

⑫灰霉病、叶霉病：嘧霉胺、嘧菌环胺、烟酰胺、啶菌恶唑、啶酰菌胺、多抗霉素、农用链霉素、百菌清。

⑬叶斑病、白绢病、白疫病：辛菌胺醋酸盐、络氨铜、苯醚甲环唑、嘧菌·百菌清、喷克、烯酰吗啉、肟菌酯。以上药物加上高能铜高能锌，因以上病多伴随缺铜离子锌离子，能提质增产又治病治本。

⑭枯黄萎病、萎枯病、蔓枯病：咪鲜胺、地衣芽孢杆菌、多·霉威、多菌灵、适乐时、辛菌胺醋酸盐。以上药物加上高能钾高能钼，既能打通维管束又能增产又能彻底治疗和预防该病，且改善品质因以上病多伴随缺钾缺钼离子。

⑮菌核病：啶酰菌胺、氯啶菌酯、咪鲜胺、菌核净、络氨铜、硫酸链霉素。

⑯霜霉病、疫霉病：烯酰吗啉、氟菌·霜霉威、吡唑醚菌酯、氰霜唑、烯酰·吡唑酯、多抗霉素B、碳酸氢钠水溶液。

⑰广谱病毒病、水稻黑条矮缩病毒、玉米粗缩病毒病、瓜菜银叶病毒病：吗胍·硫酸铜、香菇多糖、菇类多糖·钼、辛菌胺。

⑱果树腐烂病：酸式络氨铜、多抗霉素、施纳宁、3%抑霉唑、甲硫·萘乙酸、辛菌胺。凡细菌病害大多易腐烂，水渍，软腐，易造成缺硼缺钙症，以上药物加上钙和硼既能彻底治病又能增产。

⑲苹果烂果病：多抗霉素B加高能钙、酸式络氨铜加高能硼。

⑳果树根腐病：噻呋酰胺、吗胍·硫酸铜、井冈·多菌灵。以上药物加上高能钼，既能打通维管束又能高产彻底治疗和预防根腐，干枯，枝枯。

㉑草莓根腐病：地衣芽孢杆菌、辛菌胺、苯醚甲环唑。以上药物加上高能钼，既能打通维管束又能高产彻底治疗和预防根腐，蔓枯，茎枯。

㉒细菌病害：辛菌胺、喹啉铜、噻菌铜、可杀得（氢氧化铜）、氧化亚铜（靠山）、链霉素、新植霉素、中生菌素、春雷霉素。凡细菌病害大多易腐烂，水渍，软腐，易造成缺硼缺钙症，以上药物加上钙和硼既能彻底治病又能增产。

㉓线虫病害：甲基碘（碘甲烷）、氧硫化碳、硫酰氟（土壤熏蒸）、福气多、毒死蜱、米乐尔、甲氨基阿维菌素苯甲酸盐、敌百虫、吡虫·辛硫磷、辛硫磷微胶囊、三唑磷微胶囊剂、丁硫克百威、苦皮藤乳油、印楝素乳油、苦参碱。以上药物加上高能铜，铜离子对对微生物类害虫有抑制着床作用，且能补充微量铜元素有增产效果。

㉔病毒病害：嘧肽霉素、宁南霉素、三氮唑核苷、葡聚烯糖、菇类蛋白多糖、吗胍·硫酸铜、吗啉胍·乙酸铜、氨基寡糖素。以上药物加上高能锌既治病快又能高产，因为作物缺乏锌元素也易得病毒病。

四、农业生产全程机械化和信息化配套技术

农业的根本出路在于农业机械化和信息化，农业机械化和信息化是实现农业现代化发展的重要标志。由于我国农业经营规模和方式多样化，经营者对农业机械化和信息化的认识也多种多样，导致经营决策不科学，在前阶段农业机械化发展中存在科技含量较低，形式多乱杂，系统化和配套率较低，作业范围狭窄带来重复投入较多等问题，这些问题的存在已不能适应新时期农业现代化发展的需

要，旧的不适应和新的发展需求，促使我们对新时期机械化和信息化的发展有些新要求。

（一）农业机械化与信息化的概念

1. 农业机械化的概念

农业机械化指的是农业从使用手工工具的原始农业，到使用畜力农具的传统农业转变为普遍使用机器，是农业现代化的重要内容之一。从19世纪30年代蒸汽机的发明，逐步发明了蒸汽犁和拖拉机，到现在农业机械已高度智能化、节能化、环保化。机械化降低了劳动强度，最大限度地发掘了植物的增产潜力，提高了农产品的质量。

2. 农业信息化的概念

信息化农业是指以农业信息科学为理论指导，农业信息技术为工具，用信息流调控农业活动的全过程，以信息和知识投入为主体的可持续发展的新型农业，是农业现代化的高级阶段。农业信息化既是一种信息形态，又是对农业发展到某一特定过程的概念描述。在农业领域内借助现代信息技术，进行农业信息的获取处理和应用，从而有效地开发利用各种农业资源，培育以智能化工具为代表的新的生产力，进而推进农业绿色发展。实现农业信息化既有利于农业生产模式的转变，也有利于农业市场化经营，更有利于农业产业化与农业生态化的发展。

（二）目前我国农业机械化和信息化发展存在的问题

我国农业机械化及信息化的发展给农民带来了很多的方便，也给我国农业发展带来了更大的发展空间，但在发展的过程中还存在一些制约机械化及信息化发展的问题。

（1）农业机械拥有量很大，但整体农机化程度不高，且发展不平衡。我国农业机械化虽然起步较晚，但发展迅速，特别是经过改革开放40年的发展，在平原地区农村农业机械的拥有量很大，在一些农业大县平均每亩耕地就拥有农业机械动力1.3338万kW。但在一些山地丘陵或水田地区平均每亩耕地拥有的农业机械动力就较少了。在平原地区虽然每亩耕地就拥有农业机械动力很大，但在主要农作物上农机化程度才达到80%左右；在经济效益较高瓜菜作物和设施栽培作物上农机化程度却较低，农业机械化发展在全领域内发展不平衡且有倒挂现象，即效益较高的经济作物农机化程度反而不高。

（2）在大量的农业机械中存在科技含量较低，形式多乱杂，系统化和配套率较低。总体是大中型机具较少，小型农机具居多，配套率过低，致使其整体功能的发挥受到限制，从而影响了农业由粗放型生产向集约化生产的转化。同时，农机化发展中还存在结构性矛盾。一是农机总量增长较快，但先进技术的应用仍较慢；虽然农业产业结构调整力度加大，农机已开始向一些特色产业应用，但应用的步伐仍较慢。二是部分农业机械老化严重，更新换代乏力。三是运输机械多，农田作业机械少。四是动力机械中小型机械多，大中型机械少。五是农机作业配套机具少，配套比率低。六是低档次机具多，适应农业结构调整的新型机具少，高性能机具少。新技术、新机具发展缓慢，满足不了当代农业生产的需要，农机化科研、推广队伍亟待壮大。示范手段落后，信息化、标准化建设滞后，不能及时掌握有关农业产业结构调整的动态信息，难以满足实际工作的需要。

（3）在大量的农业机械中作业范围狭窄带来重复投入较多。我国农业机械在门类品种上存在明显缺陷。一是农业机械化水平在不同作物、不同生产环节上存在着较大的差距。二是在农田作业各主要环节上，水肥一体化、病虫害防治、收获机械化是目前水平较低需求量大的类型。三是在具有节水、节肥、节种等性能的机具上还不同限度地存在数量不足、水平不高的问题，影响了节本增效技术的大面积推广应用。由于农机门类品种和适用性上的缺陷，使农机产品存在过剩与短缺并存的现象，重复投入较多，投入效益偏低，制约了农业机械化的全面发展和农机效率与效益的提高。

（4）农业机械化与信息自动化结合不够，水平偏低。农业机械化与信息自动化水平在不同地区存在差异，由于农业生产有许多自身特性，不同区域、不同环境、不同生产条件、不同经济条件下农作物的种植也存在很大差异，这也是导致我国农业机械化与信息自动化结合不够，致使机械化产品不够先进、水平偏低。

（5）农机服务组织化程度低整体效益较差。最基层的乡镇农机管理服务工作下滑，农机维修管理关系不顺，农机社会化、专业化、市场化运行机制还没有真正形成，有实力的农机大户少，农机专业服务队、农机协会等农机合作服务组织的发展才刚刚起步，还不够规范，农机作业市场尚未完全形成，农机具闲置与非田间作业时间多，经济效益不高。农业机械使用水平低，农机经营总体效益较差。

（6）农机购买使用中存在的问题。农业机械的作用在于农民的购买、使用和取得效益。但是，在许多地区存在农民买不起、用不好和效益差的问题。其表现为：一是"买不起"。一般农田作业机械，大中型的需要 5 万~10 万元，小型的需要 0.3 万~1 万元，一次性投资大。而目前我国农业生产效益差，农民收入水平较低，对农业机械的购买力不足。虽然许多地方都出台了购买农机补贴政策，但效果不是非常明显。二是"用不好"。农机管理部门经费不足，农机具的引进、试验、推广工作以及农机技术无偿培训工作难以开展，农民素质得不到有效地提高，造成部分农民虽然买得起农机，但也用不好农机。

（三）对农业机械化与信息化发展的思考

农业转型升级现代化发展的根本出路在于农业机械化和信息化，要实现农业转型升级现代化发展必须加大对农业机械化及信息自动化的资金投入，没有足够的资金做后盾很难发展高科技的机械产品，同时，要针对以上问题，拿出切实可行的办法加以解决，才能搞好农业转型升级现代化发展。随着供给侧改革和农业产业结构的调整，农业生产对于机械化的标准也有了更高要求，以旧型号的机械设备已不能满足现在的生产需求，应采取如下对策。

（1）加大政府部门的资金投入，为机械化产业的发展提供更加有力保障。

（2）农业机械化及信息自动化发展提倡走节约、绿色化道路。农业绿色发展环境保护是一个永恒的话题，在发展机械化的同时，也应走节约、绿色化道路。机械使用的过程中应尽量减少对空气的污染，多使用低消耗、高效率的机械设备，对于农业使用的机械化及自动化设备要懂得循环利用，对于以后生产的机械化设备更要注重走环保型道路，为以后的使用提前做好基础准备。在发展机械化及自动化产品的同时，做到环保和节约能源的要求，这也是我国机械化未来发展的趋势，研发制造更先进完善的农业机械设备会给我国农业绿色发展带来更多的帮助。

（3）根据农业绿色标准生产发展的需求与农业产业结构调整目标，发展相适应的农业机械化产品。农业机械化产品的开发利用，必须围绕农业绿色标准生产发展需求与农业产业结构调整目标去实施，要搞好顶层设计，明确发展方向，最大限度地避免重复投资、效益低下等问题。同时，要因地制宜，根据结构调整模式做好全产业链农业机械产品开发，形成完备的农业机械体系。如中原地区要研究"小麦—玉米""小麦—甘薯""小麦—大葱""油菜—花生""大蒜—玉米"等每年或一个生长周期内的全过程农业机械产品配套。另外，还要加大对一些生产效益较高且用工量较多的经济作物和设施栽培作物的机械化配套产品进行广度研发，努力提高其机械化程度。并对当前规模生产过程中相对滞后的水肥一体化、病虫害防治等机械产品进行强力攻关研发，提高其自动化、科学化程度。

（4）更多的计算机技术与电子技术应用到机械化中去，使机械化与信息自动化技术有机融合。随着科技的不断发展与进步，计算机技术的应用越来越广泛，我国机械产品的发展也将运用到计算机与电子技术，将小型、微型芯片技术应用到机械化中去，将为我国农业机械化产品实现完全智能化提供更大空间，电子设备的完善将会带动我国农业机械化装备能适应更多的不利环境，也会为我国农业绿色标准生产的发展带来更多的便利。

总之，农业绿色标准生产发展离不开农业机械化和农业信息化，从现代农业走向机械化信息化农业是农业发展的必然趋势。当前，我国农业正处在改造传统农业，加快发展现代农业和绿色标准生产的关键阶段，应充分应用农业信息化技术，以机械化和信息化有机融合促进信息化农业的发展。

五、实行耕地轮作休耕制度

中国传统农业注意节约资源，并最大限度地保护环境，通过精耕细作提高单位面积产量；通过种植绿肥植物还田、粪便和废弃有机物还田保护土壤肥力；利用选择法培育和保存优良品种；利用河流、池塘和井进行灌溉；利用人力和蓄力耕作；利用栽培措施、生物、物理的方法和天然物质防治病虫害。因此，中国早期的传统农业既是生态农业，又是有机农业。但是，经过长期发展，我国耕地开发利用强度过大，一些地方地力严重透支，水土流失、地下水严重超采、土壤退化、面源污染加重已成为制约农业可持续发展的突出矛盾。当前，国内粮食库存增加较多，仓储补贴负担较重。同时，国际市场粮食价格走低，国内外市场粮价倒挂明显。利用现阶段国内外市场粮食供给宽裕的时机，在部分地区实行耕地轮作休耕，既有利于耕地休养生息和农业可持续发展，又有利于平衡粮食供求矛盾、稳定农民收入、减轻财政压力。在《中共中央关于制定国民经济和社会发展第十三个五年规划的建议》的说明中提出了"关于探索实行耕地轮作休耕制度试点"的建议。下面对耕地轮作休耕制度进行分析研究。

（一）实行轮作休耕制度的意义

实行耕地轮作休耕制度，对保障国家粮食安全，实现"藏粮于地""藏粮于技"，保证农业可持续发展具有重要意义。近年来，我国粮食产量连续增产，然而在粮食连年增产的同时，我国也面临着资源环境的多重挑战，我国用全球8%的耕地生产了全球21%的粮食，但同时化肥消耗量占全球35%，粮食生产带来的水土流失、地下水严重超采、土壤退化、面源污染加重已成为制约农业可持续发展的突出矛盾。

中国农业科学院农业经济与发展研究所教授秦富指出，科学推进耕地休耕顺应自然规律，可以实现藏粮于地，也是践行绿色、可持续发展理念的重要举措，对推进农业结构调整具有重要意义。与此同时，国际粮价持续走低，国内粮价居高不下，粮价倒挂使得国内粮食仓储日益吃紧，粮食收储财政压力增大。"这种情况也表明，适时提出耕地轮作休耕制度时机已经成熟"。

（二）轮作休耕应科学统筹推进

在大力发展现代农业的同时实施轮作休耕制度，在我国仍是一个新生事物，对此，在《关于〈中共中央关于制定国民经济和社会发展第十三个五年规划的建议〉的说明》中明确指出，"实行耕地轮作休耕制度，国家可以根据财力和粮食供求状况，重点在地下水漏斗区、重金属污染区、生态严重退化地区开展试点，安排一定面积的耕地用于休耕，对休耕农民给予必要的粮食或现金补助"。

"轮作休耕制度要与提高农民收入挂钩，这离不开政策支持和补贴制度。科学制定休耕补贴政策，不仅有利于增加农民收入，还可促进我国农业补贴政策从'黄箱'转为'绿箱'，从而更好地符合WTO规定"。现阶段实施轮作休耕制度必须考虑中国国情，大面积盲目休耕不可取，而是要选择生态条件较差、地力严重受损的地块和区域先行，统筹规划，有步骤推进，把轮作休耕与农业长远发展布局相结合。也可制订科学休耕计划，明确各地休耕面积和规模，与农民签订休耕协议或形成约定，还可探索把休耕政策与粮食收储政策挂钩，统筹考虑，从而推进休耕制度试点顺利推进。

（三）轮作休耕实用技术

在我国人均耕地资源相对短缺的现实情况下，实行轮作休耕制度，不可能像我国过去原始农业时期那样大面积闲置休耕轮作，也不可能像现在一些发达国家那样大面积闲置休耕轮作，当前我国实行轮作休耕制度，应积极科学地种植绿肥植物，既能达到休耕的目的，又能有效地减少化肥的施用量、提高地力、保持生态农业环境，一举多得。

种植绿肥植物是重要的养地措施，能够通过自然生长形成大量有机体，达到用比较少的投入获取大量有机肥的目的。绿肥生长期间可以有效覆盖地表，生态效益、景观效益明显。同时，绿肥与主栽作物轮作，在许多地方是缓解连作障碍、减少土传病害的重要措施。

目前全国各地季节性耕地闲置十分普遍，适合绿肥种植发展的空间很大。如南方稻区有大量稻田处于冬季休闲状态；西南地区在大春作物收获后，也有相当一部分处于冬闲状态；西北地区的小麦等作物收获后，有两个多月时间适合作物生长，多为休闲状态，习惯上称这些耕地为"秋闲田"；华北地区近年来由于水资源限制，冬小麦种植面积在减少，也出现了一些冬闲田。此外，还有许多果园等经济林园，其行间大多也为清耕裸露状态。这些冬闲田、秋闲田、果树行间等都是发展绿肥的良好场所，可以在不与主栽作物争地的前提下种植绿肥，达到地表覆盖、改善生态并为耕地积聚有机肥源的目的。

根据各种作物在农业生态系统中物质循环的特点，大体可分为"耗地作物""自养作物"和"养地作物"三大类型。

第一类"耗地作物"，指非豆科作物，如水稻、小麦、玉米、高粱、向日葵等。这些作物从土壤中带走的养分除了根系外，几乎全部被人类所消耗，只有很少一部分能通过秸秆还田及副产品养畜积肥等方式归还于农田。

第二类"自养作物"，指以收获籽粒为目的的各种作物，如大豆、花生、绿豆等，这类作物虽然能通过共生根瘤菌从空气中固定一部分氮素，但是，绝大部分通过籽粒带走，留下的不多，在氮素循环上大体做到收支平衡，自给自足。

第三类"养地作物",指各种绿肥作物,特别是豆科绿肥作物,固氮力强,对养分的富集除满足其本身生长需要之外,还能大量留在土壤,而绿肥的本身最终也全部直接或间接归还土壤,所以,能起到养地的作用。

绿肥能改善土壤结构,提高土壤肥力,为农作物提供多种有效养分,并能避免化肥过量施用造成的多种副作用,因此,绿肥在促进农作物增产和提质上有着极其重要的作用。种植和利用绿肥,无论在北方或南方,旱田或水田,间作套种或复种轮作,直接翻压或根茬利用,对各种作物都普遍表现出增产效果。其增产的幅度因气候、土壤、作物种类、绿肥种类、栽培方式、翻压、数量以及耕作管理措施等因素而异。总的来看,低产土壤的增产效果更高,需氮较多的作物增产幅度更大,而且有较长后效。

种植绿肥,不仅能给植物提供多种营养成分,而且能给土壤增加许多有机胶体,扩大土壤吸附表面,并使土粒胶结起来成稳定性的团粒结构,从而增强保水、保肥能力,减少地面径流.防止水土流失,改善农田和生态环境。

(四)饲料绿肥作物的种植技术

1.紫花苜蓿

紫花苜蓿原产于中亚细亚高原原干燥地区。栽培最早的国家是古代的波斯,我国紫花苜蓿是在汉武帝时期引入。紫花苜蓿是一种古老的栽培牧草绿肥作物。它的草质优良,营养丰富,产草量高,被誉为"牧草之王",又因其培肥改土效果好,也是重要的倒茬作物。

(1)精细整地,足墒足肥播种。紫花苜蓿种子小,整地质量的好坏对出苗影响很大,生产上要求种紫花苜蓿的地块平整,无大小土块,表层细碎,上虚下实。在整地时要求施足底肥,以腐熟沼渣或有机肥为主,可亩施 3 000 kg 以上,同时,还可施少量化肥,以氮肥不超过 10kg、复合肥不超过 5kg 为宜。播种时适宜的土壤水分要求是:黏土含水量在 18%~20%,沙壤土含水量在 20%~

30%，生产上一定要做到足墒足肥播种。

（2）播种。紫花苜蓿一年四季均可播种，一般以春播为宜。以收鲜草为目的的地块行距 30cm 为宜，采用条播方式，亩用种量在 0.5～0.75kg。播种深度 2～3cm，冬播时可增加到 3～4cm。

（3）田间管理。在苗期注意清除杂草，尤其在播种的第一年，苜蓿幼苗生长缓慢，易滋生杂草，杂草不仅影响生长发育和产量，严重时可抑制苜蓿幼苗生长造成死亡。在每年春季土壤解冻后，苜蓿尚未萌芽以前进行耙地，使土壤疏松，既可保墒，又可提高地温，消灭杂草，促进返青。在每次收割鲜草后，地面裸露，土壤蒸发量大，应采取浇水和保墒措施，并可结合浇水进行追肥，亩追沼液 1 000 kg 以上，化肥每亩 15kg 左右。紫花苜蓿常见的病虫害有蛴螬、地老虎、凋萎病、霜霉病、褐斑病等，应根据情况适时防治。

（4）收草。紫花苜蓿的收草时间要从两个方面综合考虑，一方面要求获得较高的产量；另一方面还要获得优质的青干草。一般春播的在当年最多收一茬草，第二年以后每年可收草 2～3 茬。一般以初花期收割为宜。收割时要注意留茬高度，当年留茬以 7～10cm 为宜；第二年以后可留茬稍低，一般为 3～5cm。

（5）利用方法。青喂时，要做到随割随喂，不能堆放太久，防止发酵变质。每头每天喂量可掌握在：成年猪 5～7.5kg；体重在 55kg 的绵羊一般不超过 6.5kg；马、牛 35～50kg。喂猪、禽时应粉碎或打浆。喂马时应切碎，喂牛羊时可整株喂给。为了增加苜蓿贮料中糖类物质含量，可加入 25%左右的禾本科草料制成混合草料饲喂或青贮。调制干草要选好天气，在晨露干后随割随晒、勤翻，晚上堆好防露连续晒 4～5 个晴天待水分降至 15%～18%时，即可运回堆垛备用，储藏时应防止发霉腐烂。

2. 饲料油菜

饲料油菜耐低温，生长快，产量高。一般在西北、东北麦收后种植（7 月中旬），到 9～10 月收获，生长 70 多天，一般亩产量

3~5t；在南方冬闲田或一般农田秋冬播种植（10月上中旬），到翌年4月初收获，一般亩产量可达4~5t。不同省份、不同海拔地区的种植试验均表明，饲用油菜的产量高于豆科牧草和黑麦草等禾本科牧草。在南方冬闲耕地播种，比豆科牧草产量高60%~70%，甚至高达2倍。

饲料油菜具有较高的总能和粗蛋白（干基20%左右），较低的中性洗涤纤维含量。据有关测定表明，饲料油菜的营养化学类型与豆科饲草同属N型，粗蛋白含量高，可与豆科牧草相媲美，且粗纤维含量较低，而粗脂肪含量较高；有机物消化能、代谢能以及磷含量也与豆科牧草接近，无氮浸出物和钙含量则在饲料中最高。饲料油菜其枝叶嫩绿，适口性好，是优良的饲料。每天每头牛饲养3~5kg饲料油菜，能显著提高肉牛日增重。

饲料油菜苗期粗蛋白含量可达到28.52%，蕾薹至初花期营养与经济价值最高。从蕾薹期到成熟期，饲料油菜的粗蛋白和粗灰分含量呈现先升高后下降的趋势；中性洗涤纤维、酸性洗涤纤维的含量随着油菜生长发育呈逐渐升高的趋势；钙含量呈现先升高后下降的趋势，初花期到盛花期最高；磷含量随着油菜的生长发育呈逐渐下降的趋势；粗脂肪整体呈现逐渐下降的趋势，但结荚后期最高；总能随生育期呈现升高趋势，油菜秸秆总能最低。

饲料油菜苗期具有较高是再生能力，可以采取随割随喂、冰冻贮藏和青贮方式进行利用。近几年，在全国各地进行牛、羊、猪喂养试验，增重效果均十分显著，对肉质也有改善作用。此外，在鸡、鹅的喂养试验中也有明显效果。

在黄淮地区秋冬播时适当种植些饲料油菜，可改变翌年作物茬口，变夏播为春播，有利于后茬作物的种植，提高种植作物的产量和品种，从而提高产品的市场竞争力与效益，也可增加冬春青饲料，调整种植业结构。

饲料油菜亩成本200~250元，产值超过2 000元。同时，该作物适应性广，操作灵活，能全程机械化作业。

（1）饲料油菜品种及应用。目前傅廷栋院士育成了饲油1号、饲油2号2个"双低"专用饲用油菜品种。其中，饲油1号是我国第一个"双低"甘蓝型春性三系杂交高产饲用品种；饲油2号（即华油杂62）具有高产、耐盐碱、品质优良等特点。四川省草原科学院选育的饲油36为甘蓝型油菜细胞雄性不育双低优质三系中熟杂交种，具有较高的鲜草、干草生产能力，鲜草和干草产量分别达到2.3~2.5t/亩、0.35~0.39t/亩。

（2）饲料油菜栽培技术。

种植模式：长江、黄淮饲料油菜与其他农作物一年两熟或多熟种植模式。如江汉平原等地区，可以采取饲料春玉米-饲料秋玉米-饲料油菜的一年三熟种植模式，亩年产鲜饲料可超过10t。黄淮地区饲料油菜-春花生（或春甘薯）一年两熟种植模式或饲料油菜-油葵（鲜食玉米）-甘蓝（早熟大白菜）一年三熟等模式，可亩产鲜饲料油菜3~5t。

播种量与种植密度：在长江黄淮中下游地区利用冬闲田种植饲料油菜，其生长周期较长，播种量低于北方地区，10月上中旬播种饲料油菜，适宜的播量为每亩0.4~0.5kg，适宜种植密度为每亩30万~45万株。

播种期和收获期：温度和光照是影响饲料玉米产量和品质的2个重要因素。适时早播是增产提质的必要措施，延长光温时间有利于饲料油菜养分积累、增强适口性、提高青贮品质。据用华油杂62品种试验，在麦后不同播期对饲料油菜产量和品质的影响，7月15日播种的处理株高、产量、营养元素含量（钾、镁、磷）、热量、粗蛋白、粗脂肪、碳水化合物、粗纤维含量均高于8月10日播种的油菜。一般初花期粗蛋白、粗脂肪含量最高，花期以后茎秆木质化程度加重，在增加收获难度的同时，粗纤维含量增多，降低了饲喂品质。所以，适时收获是提高饲料油菜产量和营养价值的关键。尤其是采用随割随喂的地方，可以用分期播种方式来调节收获期，使生物产量和养分最大化。

需肥规律和施肥水平：增施氮肥能增加油菜根、茎、叶、角果等器官的重量，显著提高或改善复种油菜株高、叶面积指数、相对生长率以及群体同化率和生长率。氮肥对油菜株高和干物质积累量影响最大，其次是磷肥，钾肥影响最小。饲料油菜氮磷钾养分的吸收积累表现为"慢—快—慢"的变化规律，NPK 处理油菜植株吸收氮磷钾最多，PK 处理植株吸收氮磷钾最少；出苗后 44～49 天、47～55 天和 43～51 天是饲料油菜氮磷钾的吸收高峰期，此期间保证氮磷钾肥的供应是获得高产的关键。饲料油菜分 2 次收割时，施肥水平是影响其生物产量主要因素，其原因可能是苗期施足底肥有助于饲用油菜生长，施肥水平较高时第一次收获产量也较高；第一次收获后及时追施肥料有助于饲用油菜二次生长，进而提高第二次收获产量。建议在第一次收割后亩追施氮肥（折纯氮）2kg。

（3）饲料油菜利用方式及饲用效果。饲用油菜均采用双低油菜品种，不仅基叶粗壮、叶片肥大、无辛辣味，而且营养丰富，是牛、羊等草食家畜良好的饲草，可以采取多种方式进行饲喂。

作鲜草饲料或随割随喂：鲜饲以初花期收割为宜（效益最高），抽薹现蕾与初花期收割能兼顾粗蛋白产量和相对饲喂价值。如果收割后直接鲜喂，建议与其他饲料混合后喂养。据黑龙江省农科院喂牛试验，筛选出饲料油菜 15～20kg、稻草 6～8kg、牧草 1～2kg、玉米秸秆 4kg、大北农精饲料 1.5kg、啤酒糟 2kg 的饲料配方，每天每头肉牛饲喂混合饲料 29.5～37.5kg，早晚各 1 次，油菜占比 37.23%，肉牛日增重 0.1kg；或在基础精料中额外添加 3kg 和 5kg 新鲜饲料油菜，2 个处理组与对照（基础精料中不添加饲料油菜）相对比，头均日增重显著提高（28.6%、31.52%）。用饲料油菜喂猪试验结果表明，试验组（基本日粮+1kg 饲料油菜）比对照组（基本日粮）每日每头增重 51.34g，增幅达 14.82%。但注意发黄的饲料油菜不能饲喂家畜。

另据湖北省最新研究，在种公牛的饲料中添加一定量的新鲜饲料油菜，可提升种公牛冻精产量和质量。用新鲜饲料油菜饲喂蛋鸡试验表明，在基础日粮基础上，每只鸡平均添加 50g、100g、150g，产蛋率分别比不添加（对照）提高 2.3%、22.1%、12.3%，蛋黄颜色变深；饲喂 100g 油菜的处理鸡蛋的磷、钾、钙含量均高于其他处理。

青贮饲料：青贮饲料是指青绿饲料经控制发酵而制成的饲料。青贮饲料有"草罐头"的美誉，多汁适口，气味酸香，消化率高，营养丰富，是饲喂牛羊等家畜的上等饲料。作青贮饲料的原料较多，凡是可作饲料的青绿植物都可作青贮原料。青贮方法简便，成本低，只要在短时间内把青储原料运回来，掌握适宜水分，铡碎踩实，压紧密封，不要大量投资就能成功。

饲料油菜青贮后喂养，不仅能较好地保持其营养特性，减少养分损失，适口性好，而且能刺激家畜食欲、消化液的分泌和胃肠道蠕动，从而增强消化功能。然而新鲜饲料油菜植株含水量高（85%左右），不能单独制作青贮饲料，制作青贮饲料需要与干料混合使用，如玉米秸秆、稻草、麦草、玉米粉、花生蔓粉等，将含水量降到 60%~65%，可长期安全地青贮。也可与含水量低的作物（如大麦等）合理间混种植，混合收割青贮，可节省劳工成本。

3. 黑麦草

黑麦草为多年生和越年生或一年生禾本科牧草及混播绿肥。此属全世界有 20 多种，其中，有经济价值的为多年生黑麦草又称宿根黑麦草，与意大利黑麦草又称多花黑麦草。

我国从 20 世纪 40 年代中期引进多年生黑麦草和意大利黑麦草，开始在华东、华中及西北等地区试种，50 年代初江苏省盐城地区在滨海盐土上试种，结果以意大利黑麦草耐瘠、耐盐、耐湿、适应性强；产草、产种量均比多年生黑麦草好。因此，栽培面积以意大利黑麦草为多。

黑麦草在我国长江和淮河流域的各省市均有种植，以意大利黑麦草为主。利用黑麦草发达的根系团聚沙粒，茎秆的机械支撑作用以及抗盐，耐寒等特点，与耐盐性弱的豆科绿肥苕子、金花菜、箭箬豌豆等混播，可克服这些豆科绿肥在盐土上种植出苗、全苗困难以及后期下部通风透光不良等问题。豆科绿肥与黑麦草混播，一般比单播可增产鲜草20%～30%，地下根系增产40%～70%。

（1）整地。黑麦草种子小，要求浅播，因此，对整地的要求比较高。一定要清除杂草，达到土地平整，上虚下实保好墒，以利播种。还要做好田间排水沟，防止积水淹苗。若是套种的，则在前作行间先松土后播种，浅盖土。

（2）播种。

①播期：黑麦草春、秋播种均可。江苏省一般秋播在白露前后（9月下旬）；春播在2月下旬至3月上旬。以早秋播为佳，以提高鲜草与种子产量。在盐碱土地区更应抓紧在秋天雨季末期，表土盐分下降，土壤水分充足，气温较高的有利时机，及时整地播种，有利于获得全苗。据播期试验结果，黑麦草在盐土上秋播，出苗密度、鲜草产量和种子产量均随播期推迟而相应递减；迟至10月中下旬播种的每亩出苗密度只有15.3万～13.2万苗，亩产鲜草163～217.5kg，产籽只有15.75～21kg。

②播种量：根据土地的肥瘦程度，在整地良好，墒情充足，种子发芽率在80%以上的条件下，做收草用的，每亩要求35万～40万株基本苗，每亩播种量为1～1.5kg；与豆科绿肥混播的播种量为0.5～0.75kg；留种地每亩要有基本苗13万～16万株，每亩播种量为0.5～1kg。据试验表明，在黑麦草每亩播种量0.25～2.5kg时，收草1.5～2.5kg相差不明显，收种的以每亩播0.5～1kg为好。

③播种深度：黑麦草种子小，播深了出苗困难，根茎（地中茎）过分伸长，消耗大量养分，造成弱苗、晚苗；播浅了易受冻。因此，为了出苗整齐和顺利，播种深度应掌握在2cm左右为宜。播后随即镇压接墒，使种子与土壤密切结合，以利发芽。

④播种方法：纯种黑麦草的播种方法，可分耕种和套种（寄种）两种形式。空茬地和早稻、中稻田可耕翻进行条播或撒播，以条播最好。行距因用途不同而异，收草用的行距15～30cm；留

种用的行距 30～40cm。旱棉田可结合最后一次中耕松土时套种；晚稻田可在收稻前于稻蔸里寄种。与紫云英混播，先留浅水撒播紫云英，待紫云英种子已发芽水层刚落干，即可撒播黑麦草，使草种粘贴土面接墒出苗。若与大粒种豆科绿肥混播，如苕子、箭筈豌豆等，则先播黑麦草，以后再播苕子或箭筈豌豆，这样播种均匀。试验表明，采用同行混播有利于绿肥生长，适宜于大面积生产上应用。如与苕子同行混播的亩产鲜草 2 635.5kg，比与苕子隔行间播的亩产鲜草 2 388kg，增产 10.34%。如与蚕豆混播，则以蚕豆开行条点播，黑麦草撒播为好。

（3）施肥。为获得高产，要适当施用有机肥做基肥；施用少量氮肥做种肥，使苗期根系发达，增强越冬抗寒性。据试验表明，在肥力中等的地块上，于黑麦草返青期每亩施用 7.5kg 硫酸铵，亩产鲜草 1 300kg，亩产种子 105.7kg。比不施肥的对照亩产鲜草 560kg，亩产种子 29.8kg，分别增产 132.14%，254.13%。在低肥力的地块上，施氮肥效果更明显，一般比不施氮肥的可增产 1.5～2 倍。高肥力地块，施氮肥同样具有良好的效果，一般每 500g 硫铵可增产鲜草 35kg、种子 2.2kg。施肥方法以开沟集中施用为好。肥料种类以氮肥为主，可适当施用磷肥。

（4）中耕管理。黑麦草生育期间消耗土壤水分较多，加上早春有些地方往往出现干旱，因此，必须及时浇水。一般可在 3 月下旬、4 月拔节生长期浇水 1～2 次，根据当时气候和土壤墒情而定。浇水后及时松土，破除板结，消灭杂草，并防止土壤返盐。试验证明，灌水与否对黑麦草产量影响很大。稻茬田春旱不灌水的亩产鲜草只有 363kg，而灌水的达 750kg。

（5）留种收获。黑麦草种子成熟后落粒性较强，因此，当穗子由绿转黄，中上部的小穗发黄，小穗下面的颖还呈黄绿色时，应及时收割。做到轻割随放，随割随运，随摊晒、脱粒、晒干、扬净、防止霉烂。有条件的地方，可采用谷物联合收割机或割撒机进行收割，以保证及时收获。

第三章　建立绿色农产品市场销售体系

第一节　农产品市场的特点存在问题与启示

我国是世界上人口最多的农业大国，农业肩负着确保人民群众的"米袋子"和"菜篮子"工程的双重重任。近年来，面对日趋激烈的市场竞争，我国农产品营销取得了显著的发展。目前，农产品市场逐步形成了覆盖所有大、中、小城市和农产品集中产区的以城乡集贸市场为基础、农产品批发市场为中心、期货市场为引导，以农民经纪人、运销商贩、营销中介组织、加工企业为主体的农产品营销渠道体系，构筑了贯通全国城乡的农产品流通大动脉。农产品流通逐步实现从数量扩张向质量提升的转变，流通规模上台阶，市场硬件设施明显改善，商品质量日益提高。农产品批发市场承担着农产品集散、价格形成、信息服务等多种功能，是农产品市场体系的枢纽和核心，是农产品流通的主渠道。

一、农产品市场的特点

农产品市场与其他市场相比，具有一些固有的特殊性。

（一）从供给角度看

1. 农产品市场具有供给的季节性和周期性

农业生产的周期特点，使农业生产有淡旺季之分，数年之中也有丰产、平产、欠产。因此，在农产品供应中解决季节性、周期性的矛盾，维持均衡供应是非常重要的工作。由于淡旺季的价格波动明显，产地农户容易盲目跟风生产，一哄而上导致大量产品集中上市，区域性"卖难"问题屡屡发生。

2. 农产品流通风险比较大

农产品是具有生命的产品，在运输、储存、销售中会发生腐烂、霉变、病虫害，极易造成损失。因此，对农产品的收获、储存、加工、运输、销售环节的要求比较严格，鲜活农产品流通要有相应的冷链物流设施。

（二）从需求角度看

1. 农产品需求具有时效性

随着人民生活水平的逐步提高，对饮食和烹调提出了更高的要求，新鲜、安全、营养、保健农产品的消费成为时尚潮流，特别是蔬菜、瓜果、水果等产品具有季节性大量上市的特点，消费者喜欢应季时令消费。

2. 农产品需求的基本稳定性

农产品供求平衡且基本稳定，是社会稳定和保证经济发展的要求。我国农产品市场基本属于卖方市场，基本特征是供大于求，而且大多数农产品又可相互替代，在人均饮食消费相对稳定的情况下农产品需求不可能在短时间内有很大增长。即使对农产品的需求有所增长，也是城镇居民对一些高品质农产品消费需求的增加。

3. 农产品需求的习惯性偏好明显

由于各民族风俗习惯的不同，东西南北地方饮食差异大，消费者对农产品的需求偏好也是多种多样。

（三）从市场营销角度看

1. 农产品市场多为小型分散的市场

农产品生产分散在千家万户，农产品集中交易时具有地域性特点，通常采用集市贸易的形式，规模小而且分散。但近年来，各种农民专业合作社、合作经济组织、农民经纪人以及农产品营销中介组织发展活跃，经营实力不断发展壮大。它们的发展，一方面带动上游农产品生产基地的壮大，引导农民走向市场，帮助农民致富，促进了地区农业的发展；另一方面依托这些活跃在城乡各地的农产品营销中介组织，使一家一户的小规模生产和大市场实现了对接，在一定程度上有效地缓解了农产品"卖难"的问题。

2. 农产品市场交易的产品具有生产资料和生活资料的双重性质

农产品市场上的农副产品，一方面是可以供给生产单位用作生产资料，如农业生产用的种子、种畜和饲料等；另一方面农产品又是人们日常生活离不开的必需品。

3. 现代新型营销方式促进了农产品冷链物流的快速发展

近年来，以物流配送、连锁超市、大卖场等为主的现代新型营销方式涉足农产品流通领域，促进了我国农产品冷链物流的快速发展。一是农产品冷链物流初具规模；二是农产品冷链物流基础设施逐步完善；三是 HACCP（危害分析和临界控制点）认证、GMP（良好操作规范）等冷链物流技术逐步推广；四是我国冷链物流企业呈现网络化、标准化、规模化、集团化发展态势；五是国家高度重视冷链物流业发展，不断颁布实施国家标准、行业标准和地方标准；六是农产品冷链物流的重要性进一步被消费者认识，全社会对"优质优价"农产品的需求不断增长。

4. 农产品流通形成了垂直一体化渠道与以顾客为中心渠道同是并存格局

改革开放以来，随着农业产业化的不断深入，农产品销售开始围绕目标市场有针对性地开发适宜的产品，制定合适的营销战略和策略。同时，大多数农产品也形成了"生产基地+龙头企业+专业市场"的一体化渠道系统，特别是一些特色农产品也形成了以顾客需求为中心的渠道网络。

5. 促进农产品流通的营销手段不断推新

批发市场升级改造设施水平和功能不断提升，鲜活农产品流通主渠道的作用更加明显；一些重点批发市场在加大应季农产品销售力度的同时，还积极与产区签署长期购销协议，建立稳定的合作关系；为减少流通环节，采取设置"销地专营窗口""农超对接"等措施，形成了多样化的渠道竞争与互补格局。此外，农业展会和节庆活动在农产品营销中作用日益明显。

6. 农产品品牌决策与管理意识不断增强

农产品品牌经营管理带有明显的区域性和外部性特征。随着农业产业化经营的开展，很多涉农企业开始意识到品牌的重要性，同时，农业产业化的过程就是一个依靠品牌优势，逐步建立农业产业规模优势，最终使农业产业得到进步和完善的过程。我国农产品品牌多体现区域特征和区域特色，对地方农业发展起到了很好的推动作用。

二、当前我国农产品市场存在的问题与启示

自1988年我国实施"菜篮子"工程以来，"菜篮子"产品产量持续增长，品种也日益丰富，质量不断提高，市场体系也逐步得到完善，"菜篮子"工程建设总体保持稳步发展的良好势头。但在稳步发展的同时，由于多种原因，一些地方（甚至整个国内市场）的"菜篮子"产品也不断发生"卖难与买贵以及贵卖"等事件，从这些事件中获得了一些启示，现作一下简要总结，供参考。

启示一：生产者缺乏对"菜篮子"产品监测预警与生产调度公共信息的了解，存在盲目种植无序生产现象

例如，2011年的大白菜的价格行情很好，农户产生羊群效应，纷纷大面积种植了大白菜，面积增多了市场还是原来的市场，再加上2012年冬季天气晴好，气温偏高，以大白菜、白萝卜、胡萝卜为主的秋冬蔬菜喜获丰收，大白菜产量大增，收获之时却出现了市场价格下跌，销售不畅的现象，出现了"卖难"，供过于求，使大白菜价格非常便宜。2012年11月下旬，大白菜产地价格每千克0.16~0.2元，市场零售价格每千克0.3~0.5元不等。比前年产地批发价格每千克0.6元低0.4元，降低66.7%；比上年产地批发价格每千克0.3元低0.1元，降低33.3%。

启示二：部分生产者缺乏经营意识与素质

一些生产者只看到上一个生产周期价格较好，就跟踪种植，只会种植，不会销售，缺乏经营意识与素质，在收获季节一遇价格偏低，收获不够工价时就把产品打在地里或不计算成本的低价抛售（实际是自残式竞争）。还是 2012 年大白菜生产，在低价运营 1 个月后，到 2012 年年底产地价格每千克就升到 1.0~1.2 元，市场零售价格每千克升至 1.4~1.5 元，比大白菜收获时贵了 4~5 倍，又形成了"贵卖"。从大白菜卖难到大白菜贵卖只经历了一个多月的时间，时间虽短，但从中所获得的启示却很深刻。

启示三：大宗农产品生产者普遍缺乏贮存条件

生产大宗农产品，如果生产者没有相应的贮存条件，只能追求生产效益，而不能获得产后加工、贮存效益，综合效益偏低。

启示四：媒体和消费者舆论导向问题

有时受舆论的影响，消费者也知道今年天气好，大白菜的产量肯定会增加，通常在超市里购买会少买一些，反正便宜，买多了容易坏，消费者也不愿意多贮存。但是随着市场供求关系的演变，价格很快就发生了变化。

启示五：从生产到销售环节分散不科学

现阶段整个"菜篮子"产品从生产、运输、零售等各个环节都极度分散，并且都处于微利的状况，生产方式和流通方式落后、科技含量不够，进而把大量的效率浪费掉了。如蔬菜 90% 左右都要通过批发市场和集贸市场。这些市场基本上由企业投资并经营，为了收回投资并获得利润，只能采取收取高额进场费、摊位费、交易费等办法，这是导致菜价上涨的重要原因之一。

启示六：蔬菜产销对接环节多，成本高

为最大限度地降低菜农损失和维护消费者利益，需采取积极措施搞好"菜篮子"产品产销对接和蔬菜贮储工作，以缓解销售不畅问题。各级政府要联合"菜篮子"产品生产基地与超市、机关和企事业单位对接，有计划地安排生产与销售"菜篮子"产品，进一步维护"菜篮子"产品市场稳定，防止大起大落，避免一会

"蒜你狠"、一会"蒜你完"。

启示七："菜篮子"产品生产与销售需切实加强组织领导

稳定"菜篮子"产品生产流通，事关生产者和消费者利益，事关社会和谐稳定。各级政府要充分认识这项工作的重要性和紧迫性，要建立长效机制，进一步做好"菜篮子"工程的有关工作，维护农民利益和满足城市居民消费的需求。

总之，"菜篮子"一头连着农民即生产者，一头连着市民即广大消费者，对政府而言两头都是民生，所以，"菜篮子"虽小，社会问题却很大，"菜篮子"工程是一项民生工程，也是一项农民增收致富的社会大工程，全社会都要提高认识，在政府的主导下，社会各界都应该关心和支持这项工程建设，切实把这项工程建设好。

三、区域性农产品"卖难"原因分析

农产品"卖难"是指作为生产者的农民销售农产品出现困难，或卖出的价格偏低甚至赔本。自20世纪90年代以来，我国农产品供求由长期短缺变为总量基本平衡、丰年有余，但依然存在农产品市供求矛盾，特别是近年来我国一些农产品局部供求失衡现象时有发生，在短时间内造成区域性过剩，产品找不到销路的情况下，产生了区域性的农产品"卖难"问题，使农民利益遭受了严重损失。影响了农民种植的积极性，进而导致农产品市场供需不平衡，波动频繁，不利于市场稳定和农民增收。

农产品"卖难"涉及的农产品品种众多，每次造成农产品"卖难"的原因也不尽相同。面对繁杂而琐碎的"卖难"问题，我们应该从多个角度对"卖难"问题展开分析，总结出农产品"卖难"问题中的一些共性，分析这些共性以及成因，找出"卖难"的症结所在，进而采取相应措施来解决"卖难"问题，促进农民增收和保持农产品市场的稳定性。

（一）区域性农产品"卖难"情况分析

1. "卖难"问题具有区域性，多发生在经济不发达地区

从发生的范围来讲，农产品"卖难"现象具有很强的区域性，农产品"卖难"问题多数发生在一定的区域范围内。从全国范围来看，很少出现一种农产品在全国都极难销售的情况，多数"卖难"问题集中于单个或一些生产地区。从发生的地区上来讲，经济不发达地区更容易发生"卖难"问题。一是由于经济不发达地区农民的组织化程度低；二是由于经济落后，信息技术不发达，农民缺乏真实准确的农品产销信；三是运输成本过高，流通手段落后。

2. 经济作物产品易产生"卖难"问题

从农产品品种上来讲，一般出现"难卖"情况的农产品多为经济作物，而大宗农产品则较少出现问题。因为相对于大宗农产品，经济作物产品有其特点：一是市场容量比较小，一旦局部产量过大则极易产生"卖难"和滞销问题。二是农民自我消化能力差。经济作物产品不同于小麦、玉米等粮食作物产品，不属于可自我完成消费的温饱型产品，多数产品（水果、蔬菜）不耐储藏，这也意味着经济作物产品的商品性更高，一旦卖不出去，对农民来讲往往损失更大。三是经济作物品对储存和运输条件要求较高。经济作物产品流通中，鲜活产品所占比例大，需要快速投入市场。如果流通渠道不畅，极易出现"卖难"问题。

3. 中低档农产品容易发生"卖难"问题

从农产品质量上来讲，一般发生"卖难"的农产品为同一品种产品中的中低档产品的情况较多，因为中低档产品的同质化现象严重，市场需求弹性较大，竞争较为激烈，所以，容易出现"卖难"现象。纵观多次"卖难"事件，发生"卖难"问题的农产品组成结构中中低档产品占了绝大多数。

4. 农产品"卖难"的周期性特点突出

农产品"卖难"一般不会是一种长期的现象，具有很强的

周期性，经常是去年销路好，今年可能就会陷入到无人问津的地步，而前一个生产周期收益良好很可能会导致下一个生产周期的生产过剩，这也是成了导致"难卖"的个重要原因。因此，"难卖"问题常常有周期性的特点。正是这种周期性的波动给农民造成了严重的损失，也使农产品"卖难"问题难以预测和解决。

5. 农产品"卖难"的季节特征突出

出现农产品"卖难"的时间多集中在夏秋季节，由于夏季气候适宜蔬菜瓜果等鲜活农产品的生长，导致鲜活农产品集中上市，市场供应量突然增加，导致市场供求关系出现不平衡，引起滞销；而且鲜活农产品在这时间内难以储存。我国的冷链等储藏设施建设又不完善，农民迫于储存的压力，希望尽快售出自己手中的农产品，更加速了"卖难"问题的产生。

6. 农产品"卖难"受国际市场的影响日益加深

随着我国加入 WTO，我国农产品进入国际市场的步伐也在逐渐加快，对国外市场的依赖性也有所增强。在贸易保护主义等贸易保护措施或绿色壁垒影响下，经常使我国农产品出口不畅，直接导致农产品滞销。我国的农产品容易受国外贸易保护主义和世界经济形势的影响而产生"卖难"问题，而且这一趋势正随着我国农产品国际贸易的不断深化而加强。

7. 农产品的结构性"卖难"比较突出

农产品"卖难"并不是所有的农产品都存在的问题，大多数农产品"卖难"问题并不明显，主要表现在某个产区的某个产品卖不出去，属于结构性的卖难问题。其原因多数是生产结构不合理导致的一些产品畅销，一些产品滞销，滞销产品主要是市场供大于求，出现结构性过剩所致。不仅仅是不同的产品之间，同一类产品中的不同品种，同一品种中不同质量、不同等级的产品，也都有畅销和滞销之分。农产品生产结构不适应市场需求结构的变化，因此，结构性过剩就不可避免。

（二）区域性农产品"卖难"原因分析

农产品"卖难"固然与农产品价格弹性低，存在价格周期波动等经济原因有关，但是"卖难"问题的发生具有区域性，这说明大多数农产品的"卖难"现象是由于部分地区的农产品在流通环节上存在问题所导致的。因此，分析"卖难"问题发生的原因，除了自然灾害、质量安全问题和突发性市场波动等客观因素之外，还要对农产品流通体系自身存在的问题，如流通组织化程度低、销售渠道窄、信息不通畅等深层次的主观原因进行分析。

1. 客观原因

（1）自然灾害对农产品流通的影响。我国近年来频繁遭受雪灾、洪水、地震等自然灾害的袭击，每一次自然灾害发生时都会阻碍交通，影响收购商进入产地，造成产地或其他地区的农产品出现"卖难"问题。

（2）农产品质量安全问题。目前我国的农业生产尚未实现规模化、标准化，生产仍以小农生产为主，这使农产品质量难以得到有效的保证。而且我国尚未建起有效的食品安全追溯体系，某一品种的农产品发生质量问题，常常会引发城门失火殃及池鱼的情况，对同一品种农产品的销售产生较大的恶劣影响，这种例子也屡见不鲜。

（3）周期性市场波动。由于农民缺乏对于市场信息的了解和对市场走势的判断，往往根据上一期的产品价格安排当期的生产数量，导致农产品供给出现"大小年"现象。农产品丰收导致价格下降，"卖难"发生，这就是农产品营销学中常常提到的"丰收悖论"。除此之外，我国缺乏对于农民生产的组织和指导，当面对较好的销售形势时，农民往往是一拥而上，市场需求缺乏规划，这样就极易造成下一生产周期的产量过剩，只好眼睁睁地看着原来的香饽饽变成滞销品。第一年产品价格卖得高了，农民就都去种，会导致产量增加，第二年产品丰收了供大于求，就必然导致农产品价格下跌，"卖难"现象的发生，这种由前期价格当期产量就造成了

"扩种—过剩—卖难—减收"的周期性循环，已经成为农产品生产普遍现象。

（4）市场对低端农产品的需求下降。商品可以分为奢侈品、正常品和劣等品，随着收入的增加，消费者会逐渐加大对于奢侈品和正常品的消费，而对于劣等品的消费则会随着收入的增加而减少。农产品生产者如果不根据市场需求变化调节生产结构，势必会遭遇"卖难"问题。

（5）国际市场环境影响出口受阻。随着我国农产品出口的增加，其面临的壁垒和阻碍也越来越多，有的是因为国际经济形势变化，有的是因为进口国提高关税或推行反倾销、反补贴措施，更多的是利用绿色壁垒对我国农产品进行苛刻的检验，造成我国农产品出口受阻，出口产地面临"卖难"问题。

2. 主观原因

（1）生产缺乏组织性和计划性。我国以农户小规模的分散生产为主，而这种生产普遍存在盲目性。农民的生产决策一般看亲戚朋友、看上年，信息失真容易导致生产规模的盲目扩张，而近距离的模仿则导致生产的雷同性和相似性，使得同类农产品集中大量上市，价格迅速下滑。

（2）品牌意识淡薄，产品同质化严重。我国农产品缺少品牌和特色，有机食品、绿色食品等产品较少，一些区域品牌的知名度不高，小品牌杂乱，产品同质化严重，中低档农产品成为销售中的主力军，这使得农产品在上市后就面临着激烈的市场竞争，而激烈的市场竞争又会导致农产品"卖难"。

（3）销售渠道单一且不完善。我国农产品销售形式较为单一，主要通过批发市场渠道，而"网络销售"等新型方式又由于种种原因发展缓慢。现有的农产品批发市场多数都存在交易方式落后、设施陈旧、信息不畅等问题。销售渠道的单一与不完善，制约了农产品的销售。出现"卖难"的一些地区，多是由于当地农产品批发市场规模小、管理落后，类似于集贸市场，很难顺畅流通及时排解当地出现的"卖难"问题。

（4）市场信息不通，顺畅流通秩序不规范。虽然农产品生产和流通方面信息量很大，但在传递过程中失真的信息越来越多，真正有用的信息较少。现阶段我国农民获取真实准确信息的成本很高，市场信息又是瞬息万变，这就使很多农民难以得到自己需要的信息。相反，有些信息容易被误传和炒作，虚假信息不仅会影响农民的生产销售决策，甚至会加速"卖难"问题的产生。同时，我国当前农村市场流通秩序不规范，多数负责农产品采购、销售的农村经纪人缺乏组织性，队伍良莠不齐，个别人唯利是图，使交易的公平性和合理性得不到保证。一些地区的市场还存在欺行霸市和强买强卖等损害农民利益的势力和行为，扰乱了市场秩序，阻碍了农产品流通健康发展。另外，一些相对耐储藏的农产品有时被投机者用来炒作牟利，如大蒜等在产地被商人囤积居奇，人为干扰市场价格的形成。目前相关的法律法规较少，在具体执行时又可能遇到诸多困难，市场流通秩序尚未形成良好的规范机制。

（5）交通不畅，运输成本高。交通运输的不畅和成本的增加往往是造成农产品"卖难"的"罪魁祸首"。虽然近年来我国加大了对农村交通设施的建设，但是农村的交通情况仍不容乐观，尤其是在农产品集中上市销售的压力下，脆弱的交通体系常常难以正常运转，导致农产品运销受阻。同时，运输费用，特别是柴油汽油价格的不断上涨，也增加了运输的成本，这些都导致农产品由产地向外运输的成本上升，成本的上升使农产品销售更加困难，进而导致"卖难"问题产生。

（6）缺乏保鲜存储设施设备。农村的农业基础设施设备落后，难以提供优良的冷链运输和储藏等保鲜手段，使得农产品的存储期和保质期大大缩短，这就导致了大量农产品上市后急于寻找销路，短时间内市场难以消化，势必引起"卖难"问题发生。

（7）农产品的加工能力不足。我国的农产品多直接以初级农产品上市销售，农产品加工能力尤其是深加工能力严重不足，而加工能力的不足导致我国农产品销路狭窄，市场重合度高。这些都成了"卖难"现象的主要推手。

（8）生产技术落后，质量不符合要求。小规模家庭经营农业生农产方式达不到标准化要求，农产品供给跟不上消费需求的变化。蔬菜、水果等生鲜农产品的消费需求已由数量增长转变为质量提高，对产品的质量、口味、营养、安全有了新的诉求。但是，目前农民与简单粗放式的生产方式无法提供满足消费者对高质量农产品的需求，出现了新的供需矛盾。部分农产品无论是作为直接消费品还是作为加工原料，经常会出现质量达不到标准的情况，这种质量原因造成的生产与需求的不匹配导致了产品"卖难"。

第二节　解决区域性农产品"卖难"的对策

一、政策建议讨论

政府在解决农产品区域性"卖难"问题时应该着重从以下几个方面着手。

（一）合理布局农业生产

政府应落实优势农产品区域布局规划，大城市要抓好"菜篮子"基地建设，在城市郊区和外产地建设稳定的鲜活农产品供应基地，有计划地通过协议方式建立产销对接模式，既要保证向城市居民稳定供应，又要防止基地盲目生产而导致"卖难"问题发生。

（二）加强流通渠道建设

政府应大力推广"网络销售""产地直销"等多元化农产品营销渠道模式，加强对公益性大型农产品批发市场建设的支持力度。提高农产品流通的各个环节的效率，解决农产品运输过程中收费多、进城难等问题，使农产品能够更方便、快捷地销往各地市场。在城市居民区增加"便民菜店"数量，努力解决零售环节成本过高的问题。

（三）加快农产品信息公共平台建设

政府应加快建设公益性的农产品信息公共平台，研究农产品生产和流通现状，分析相关数据并提供农产品市场预测报告，"快、精、准"地提供农产品市场信息，并通过各种形式扩大信息的传递范围。

（四）建立农产品价格稳定基金

政府应建立农产品风险基金等防控风险机制，应对农产品市场价格的剧烈波动，尽量减少农民损失，保护广大农民从事农业生产的积极性。

二、农产品"卖难"问题的解决方案与途径

关于解决农产品"卖难"问题，具体有以下措施可供参考。

（一）制订应对突发事件的农产品流通应急预案

鉴于近年来，我国地震、洪水、雪灾等自然灾害频繁发生，政府相关部门应当着手制订和完善农产品流通应急预案，尽量将灾害给农产品流通带来的影响降到最低。除此之外，政府部门还应强化对农产品质量安全事故的预防和监管，积极应对食品安全突发事件，发生事故后要快速清查、澄清传言，努力降低安全事故对农产品流通的影响。

（二）扩大农产品出口

加强同相关贸易国的联系与合作，尽量难防止贸易摩擦的发生，促进我国农产品出口的稳定性。出口企业应给予农民技术上和信息上的指导，按照国际和进口国的标准进行生产，确保出口农产品的质量和安全水平。在遇到贸易壁垒时，出口企业和行业协会要积极出面应对，通过国际法律维护我国农民的合法利益。

（三）增加农产品生产基地建设投入

建立区域性农产品生产基地的目的是发挥各个地区的农业资源优势。各地政府应该根据当地的实际情况，积极引导农民生产具有优势的农产品，实现生产的规模化和专业化，以提高农业生产效

率。区域性农产品生产基地建设可以引导农民调整农业生产结构，逐渐淘汰一些市场需求小、产量低、重复性高的农产品品种，扩大优势农产品的规模化生产，有效地解决"一哄而上"的盲目生产行为，降低农民的市场风险。

（四）培育农产品区域品牌

政府应根据各地的实际情况，积极发展"一区一品""一乡一品""一村一品"工程，同时，鼓励农产品企业强化品牌意识，实施品牌战略，树立区域性农产品品牌，加大品牌的营销力度，以品牌带生产、促销售。农产品区域品牌建设与对于形成农产品区域优势，提升农产品质量，扩大产地影响具有重要作用。创建农产品区域品牌，利用品牌来进行农产品营销活动，能够提高产品的市场占有率和辐射力，增加产品的附加值，同时，产生更大的流通效益。而且品牌化也可以扩大产品销路，增加产品的市场竞争力，从而解决农产品"卖难"问题。

（五）提高农民的组织化程度

提高农民的组织化程度，可以有效降低生产和交易成本，扩大农产品销路，减少"卖难"问题的发生。农民专业合作社能够提高农民在市场交易中的谈判地位，保障农民利益。政府应该加强对农民专业合作社的支持力度，依靠政策引导其规范化发展，形成真正有实力的农民组织。流通领域的农民组织化水平低的问题也应该引起重视，千军万马搞流通不符合现代农业和现代流通的要求，应在产地政府、农产品批发市场的引导和培育下，重点培育拥有一定规模的农产品运输，储存和销售能力的经销商和企业，使其大型化、正规化、企业化，提高我国农产品流通的效率。

（六）加快产地农产品加工业的发展

产地农产品加工业，也称为"1.5次产业"，可以将农产品加工增值的部分留在农村，增加农民的收入。就地加工能够解决一些外观差、等级不达标的农产品（如水果、蔬菜）的销路，解决"卖难"问题。发展农产品的储藏、运输、深加工，延长产业链，增加农产品的附加值是发展现代农业的必然选择，政府应提供优惠政策支持，积极鼓励企业到农村投资。

（七）鼓励新品种新技术的引进

政府应加强农业科技投入，指导农民改变原有的粗放式生产方式，依靠科技进步提高产品技术含量，降低农产品生产成本，提升农产品品质，扩展农产品功能价值。新品种具有的新特性本身就是产品销售的一个很好的卖点；新技术可以调节农产品的上市时间，淡季销售能够获得更高的收入。

（八）建立农产品安全可追溯体系

农产品一旦出现质量安全问题，便会引起社会不安，消费者拒绝购买。加强质量安全监管，农业生产、质检、卫生等相关管理部门应该对农民开展技术培训和技术服务，有针对性地引导农户科学使用化肥、农药、兽药、饲料等，科学改良土壤和涵养水质，保证农产品的整个生产过程不出问题。农产品质量安全可追溯体系是安全监管的重要手段，建立可追溯系统可以有效地应对和处理食品安全事件。一旦发生农产品质量安全问题，可以通过可追溯系统快速找到事故源头和责任人，控制事件的进一步发展，避免由此造成的社会恐慌而引起的"卖难"问题，并且能够将问题产品与正常产品区分开来，避免正常产品受到大面积的连累，以减少产地的损失。

（九）建立财政补贴和社会保险

政府建立财政补贴制度，如"鲜活农产品风险基金"等，当市场供求严重失衡，出现行业性亏损时，对受灾农户和企业给予补贴，减轻农民损失。同时，积极鼓励社会保险行业进入农产品领域，设立农产品价格保险，政府为农民投保提供补贴，这样双管齐下，能够减少农民在"卖难"发生时的损失，保证我国农业的健康发展。

第三节　农产品区域品牌的培育与营销策略

随着消费者对农产品品质追求的不断提升，我国各地区开始掀起了提升农产品竞争力和维护农产品声誉的高潮，纷纷为本地的优势农产品申请注册地理标志保护。地理标志不仅提高了产品附加值，更为地区经济发展作出了重大贡献。

伴随着农产品地理标志的产生，农产品区域品牌的发展也不断兴起。自 20 世纪 90 年代中期以来，农产品区域品牌的注册量逐年增长，全国各地的农产品区域品牌创建实践正在席卷整个神州大地，农产品的品牌时代悄然来临。农产品区域品牌时代的来临是我国农产品发展的必然趋势，但与工业品牌和服务业品牌相比，农产品区域品牌的创建和保护相对滞后，品牌价值相对较低。从中国农产品区域品牌价值评估课题组对农产品区域品牌的价值评估结果中可以发现，大多数农产区区域品牌的品牌价值低于平均值，由此可以看出，农产品品牌发展初期仍然面临着很多的问题。

一、农产品区域品牌培育

农产品区域品牌的形成是诸多因素共同作用的结果，在一定的基础之上，多方主体共同努力，才能促进农产品区域品牌的形成。从众多农产品区域品牌形成过程可以看出，区域品牌的形成不仅需要农户的积极参与，产品的品质、产业集群的形成、地方文化底蕴以及政府、企业的努力等诸多因素都是农产品区域品牌形成的关键。

（一）农产品区域品牌的含义

农产品区域品牌是一个区域内的农产品品牌。在大众的眼里，朗朗上口的产地名+产品名的组合都可以称为区域品牌。如西湖龙井、道口烧鸡等，消费者不知道它们背后具体的生产经营流程，却知道它们的质量通常较高，价格不菲，对产地有较强的依赖，这就是品牌的影响力。再如，宁夏枸杞，赣南脐橙，这些名称已经成了高品质农产品的象征。它们往往有更高的销量和更好的价格。所以，农产品区域品牌已经对消费者的选择行为产生了影响，但是要使这种品牌效应长期保持下去。区域品牌的使用者必须实施各项品牌策略和专门的经营管理措施。

1. 有关区域品牌的理解

区域品牌的定义一般包含企业品牌集体行为、广泛的品牌效应2个含义。更为概括的表达是：区域品牌是指某一区域中某一产品或某一类产品的品牌。它不一定只为区域内某一特定企业所拥有和专用，而经常是为一群生产该产品的企业所共同拥有和使用的品牌。区域品牌是个体品牌的延伸，与单个企业品牌相比具有更广泛持续的品牌效应。规模优势、专一化优势和差别优势等是区域品牌形成的优势所在。

2. 对农产品区域品牌的认识

综观已有研究，有关农产品区域品牌的概念，学者们从不同的角度进行了诠释。但目前有关农产品区域品牌概念的基本内涵一般认为：其一，农产品区域品牌具有一定的产业集群基础，能够形成巨大的生产规模和生产力；其二，产品区域品牌具有独特品质，能够提高区域农产品区域竞争力；其三，农产品区域品牌能够产生较大现实和潜在市场影响力，有助于提高品牌农产品的认可度以及促进区域农业经济增长。

（二）农产品区域品牌的特性

农产品区域品牌具有"区域"和"品牌"两方面的特征，因此，农产品区域品牌被广大农村地区视为开展农产品营销的重要内容，农产品区域品牌的特性主要表现如下。

1. 农产品区域品牌具有公共性

农产品区域品牌顾名思义是一个地区的共有品牌，该地区内的农民合作组织及行业协会都可以在满足产品要求的前提下，运用该品牌扩大产品的销路。

2. 农产品区域品牌具有区域特色性

农产品的生产受环境因素影响较大，尤其是不同地区的地理环境、温度和光照的影响，会使不同地区的某种特定产品具有得天独厚的生产优势，这是一种先天的不可复制性，为品牌的产生提供了良好的条件。如新疆维吾尔自治区吐鲁番的葡萄、哈密瓜等，由于光照时间较长，使它们比其他地区生产的同类产品糖分含量更高，口味更佳等。

3. 农产品区域品牌具有区域文化性

区域品牌效应的实现不仅要靠产品本身的质量标准，还要依靠产品背后的地区风土人情。有了背后的文化内涵，农产品更容易被消费者所了解和接受，因此，利用区域文化特性宣传农产品是农产品走进消费者心中的有效途径，也是文化营销的一种模式。所以，农产品区域品牌通常具有当地的文化特色。

4. 农产品区域品牌具有较强的外部性

农产品区域品牌通常以"地区名+产品名"命名，这也使得消费者在购买产品时自然会联想到区域的特点；又因为农产品的地理环境存在差异，消费者在对一种产品产生好感的同时，也会对该产品产地区域内的其他农产品产生同样的好感，这种效应会放大消费者对该产品和该区域的好评，给该地区的其他产品同样带来好的声誉。

(三) 农产品区域品牌的功能

由农产品区域品牌的以上特征，可以看出农产品区域品牌具有很多功能。利用农产品区域品牌的功能，发挥其在区域经济发展中的作用是培育农产品区域品牌的首要目的。

1. 农产品区域品牌可以提升农产品的品质，增加农产品的附加价值

随着生活水平的提高，人们对于农产品这类基本消费品的品质要求越来越高，农产品区域品牌的培育和使用正是提升农产品品质

的良好途径。农产品区域品牌通常应符合较高的生产标准，因此，对生产有统一的要求，农产品的品质升级、创新都可以通过农产品区域品牌来实现。

2. 农产品区域品牌可以提升农产品竞争力

随着市场竞争的加剧，农产品市场的竞争也越来越激烈，一些具有产业规模的农产品要销往各地并保证畅销，也需要通过打造自己的品牌来提升自己品牌的竞争力。农产品区域品牌具有较高的品质，具有区域特色，赋予其区域的文化内涵，更能吸引消费者的注意，也可以让本区域的农产品得到更高的认可。

3. 农产品区域品牌可以提升农民素质

农产品区域品牌通常由农民专业合作社或行业协会申请注册，但是真正的生产者还是农民，为了保证品牌农产品的质量和标准化，合作社或行业协会会聘请专业人员对农民进行专业的培训，从技术上指导农民生产，提高农产品生产的专业化程度。区域品牌的使用不仅能够提升农户的生产技术、品牌相关知识，也能提高农户的品牌意识，对农户的生产行为和认识起到修正作用，从而使农户在思想上认识到为提高产量而过度使用农药等行为的不合理性，进一步提高了农民的素质。

4. 农产品区域品牌可以产生产业化集群效应，降低交易风险和交易成本

相互关联的农业生产企业、生产基地、广大农户、涉农机构能够通过农产品区域品牌聚集起来，克服单个企业参与市场交易的分散性和风险性，还可以降低交易成本，提高生产效率。

5. 农产品区域品牌可以扩大农产品生产经营的规模，提高农业产业化的程度，促进农业生产结构的优化升级

我国农业生产规模小、经营分散、销量低、社会化服务和市场中介组织落后，农业经营主体缺乏竞争力，价格优势不明显。农产品在市场中实现价值的高低是农业产业化形成、巩固和发展的关键。只有品牌形象良好的优质农产品才具有顺利实现价值和增值获

利的能力。农产品区域品牌还可以帮助农民进行农业生产调整，提高农业生产效益。因此，农产品区域品牌的形成不仅可以使农产品增值，还能提高农业产业化的程度。

（四）农产品区域品牌形成的基础

从农产品区域品牌的特点及功能可以看出，农产品区域品牌的形成基础主要有2个，一个是农业产业规模基础；另一个是区域特色基础，缺少任何一个都会影响农产品区域品牌的形成。

1. 农业产业规模基础

单个农户的生产或者是小规模的农业生产都无法形成规模优势，也无法产生一个品牌。当一个地区生产的某一种农产品是该地区的主要农作物与农户们的生活息息相关时，该产品的发展才会带动农户积极性，使分散的农户也愿意积极投身于品牌建设。因此，产品生产形成了一定的规模，具备规模优势，会为发展农产品区域品牌奠定产业基础。

2. 区域特色基础

农产品品牌是在传统的优质农产品的基础上发展起来的，因而它必须要以特色优质农产品为物质基础。除此之外，气候、纬度、地理位置、土壤、水分、人文历史等众多因素也决定着一种产品是否具备成为区域品牌农产品的潜质。在长期的发展中，这些因素赋予了区域特色农产品天然的差异性和相对的资源稀缺性，使该区域的农产品与其他地区的同类产品相比具有独特性，易于形成比较优势。只有在当地特定的地理环境、气候条件下生产出的产品才能给人一种品质更高的印象，才能具备形成品牌的基础，区域特色基础也能使区域品牌产品在基础条件方面更优于其他产品。

（五）政府是农产品区域品牌形成的引导主体

有了农产品区域品牌形成的基础条件，还需要有主体来引导农产品区域品牌的形成，并给予各方面的支持。企业通常没有能力花费大量财力去培育公共品牌，而农户更没有足够的实力去完成一个品牌的建设。因此，只有政府有能力和财力进行区域品牌的创建和培育，成为这个过程中的引导主体。

1. 政府具备主体优势

政府中的农业部门对当地整体的农业资源、产业发展状况最为了解，可以宏观掌握当地的农产品生产特点、产业优势以及该区域农业产业的发展状况与发展趋势，并能够对具有发展潜力的地方农产品建立区域品牌。

2. 政府可以完善区域的基础设施建设

要实现农产品区域品牌建设的良好发展，社会公共基础设施不可或缺，如便利的交通、通信、与农产品生产相协调的生产及加工设施。农田、水利、市场、仓储、交通等基础设施的建设和完善，有利于降低农产品的生产成本、流通成本，使不同区域的资源优势更好地转化为经济优势。

3. 农产品的技术改进和创新依赖政府的投资

消费者对拥有品牌的农产品有较高的质量要求，因此，与其他产品相比，品牌农产品在生产过程中往往需要更先进的技术，而先进技术的引进成本较高，一般的企业无法负担。因此，在品牌农产品生产的专业技术人才培养和新技术改进投资上，只有政府具备相应的能力，能够成为领导主体。

4. 在对区域品牌的维护上，政府具有较高的权威性

区域品牌属于公共品牌，没有明显的使用权限，如果没有明确的制度约束，区域内的个体都可以借品牌之名来销售自己的产品，某些追求利益的人很可能以次充好，破坏品牌的声誉，导致农产品区域品牌陷入"公共墓地"的悲剧。长此以往，高质量的产品生产者迫于成本的压力会被迫退出市场，市场上充斥着劣质的"品牌产品"，出现"柠檬市场"效应，区域品牌也不复存在。无论哪种结果都将对农产品区域品牌造成极大的破坏，政府需制订一系列奖惩措施或是具有法律效应的条例文件，大力采取市场监管等措施有效防止对农产品区域品牌形成负面影响的事件发生。

（六）龙头企业或农民专业合作社是农产品区域品牌形成的经营主体

政府在农产品区域品牌形成过程中起着带头作用，能从宏观角度指引农产品区域品牌的发展方向，但是政府并没有专门的部门来从事具体的经营、管理活动。而龙头企业对市场有着敏锐的洞察力，也具备实力和规模来组织农户的生产以及后续加工销售行为，是农产品区域品牌很好的管理者。然而，我国目前的农业龙头企业数量较少，尤其是县级地区几乎没有大型的农业企业，从某种程度上讲，农民专业合作社更适于运用农产品区域品牌，组织、带动农户生产。农民专业合作社是连接生产与销售的中间环节，能够降低交易成本，并且代表了最广大农民的利益，因此，也是农产品区域品牌的经营主体之一。龙头企业和农民专业合作社都是农产品区域品牌形成过程中的中坚力量。既是农产品区域品牌战略的实施者。也是农产品区域品牌的宣传者。更是农产品区域品牌的维护者。

二、农产品区域品牌发展战略与营销

同企业品牌一样，农产品区域品牌也需要经过逐步培养，才能发展壮大，最终真正实现品牌效应。目前，我国的农产品区域品牌出现多而散的特点，很多品牌在本地区或本省内小有名气，但是在本地区或本省以外却不被人所熟知，甚至没有人听说过，这大大阻碍了农产品区域品牌的长远发展。如果区域品牌只在特定的地区内部发挥作用，那么对于该地区的经济发展而言无疑只是一种内部竞争的活跃，而要全面推进整个地区的经济发展，应该将着眼点放到全国市场或者世界市场上，让本地区的农产品区域品牌与国内其他地区的品牌相竞争，与国际上的其他品牌相竞争，这样才能最大化区域品牌的价值，实现以区域品牌推动区域经济发展的目标。从目前市场上知名的、具有持续竞争力的农产品区域品牌的建设经验来看，要使农产品区域品牌成为国内甚至国际知名的农产品品牌，并保持持续竞争力，必须要将确立发展目标、挖掘区域文化、整合资源、推动标准化、组织化和产业化的农产品生产作为农产品区域品牌发展战略的重点内容。

（一）树立明确的农产品区域品牌发展目标

目前我国农产品区域品牌总体存在发展目标不明确的现象，在品牌建立之初，地方政府更多是考虑先申请农产品地理标志证明，会扩大销量，提高价格，可是这些都只是农产品区域品牌发展的初级阶段，要想让农产品区域品牌持续发挥作用还要将眼光放长远。由于农产品区域品牌存在区域性特征，农产品市场的竞争更倾向于区域间的竞争，如果只着眼于眼前的利益，只能被动地接受竞争和市场动态，那么区域品牌的价值也就无法长期保持。所以，制定农产品区域品牌的发展战略要以长期发展作为首要目标。

1. 区别农产品区域品牌的"大品牌"与"强品牌"

这里的"大品牌"主要是指产品产量较大的农产品品牌。在农产品区域品牌的发展过程中，很多地方政府都在追求做大品牌，尤其在发展初期，都会以产量高低来衡量其发展的好坏，但是政府在追求产量的同时，大多并没有考虑品牌目标，误解品牌的概念就在于产量的提高、销量的提高以及价格的提高。这种无目标的状态在初期可能会发挥大品牌的作用，可是当区域品牌发展到一定阶段时，大品牌很可能不能完全满足竞争的需要，同质化程度较高的农产品无法满足市场需求的不断变化，所以，要将品牌做强，即强品牌。所谓"强品牌"就是通过技术提高、创新等提升产品的差异化程度。强品牌的建设重点不再只集中于产量的提高，而是注重产品的品质提高，增加产品附加值，通过差异化来提升产品竞争力。很多区域品牌的发展在目标不明确的情况下，总是先追求产量的提高，当产量无法满足竞争及市场需要时才开始关注技术。由此可见，有了明确的目标，区域品牌才会发展得更加稳健，更加坚定政府扶持区域品牌发展的决心，也能对农民合作组织及企业发展进行指导，使得上下一心，朝着一个目标发展，最终实现区域品牌的做大做强。

2. 因地制宜地制订区域品牌发展目标

除了整体的目标外，还可以针对不同地区进行区域目标规划。不同地区的地理情况不同，适合的作物不同，可以根据不同农产品的特点对不同区域进行目标规划，如有些农产品本身的差异化程度就比较低等。而有些农产品可以实施差异化战略，则可以从大品牌、强品牌的角度出发，制订不同的发展目标。还可以根据区域整体情况制定产业带，形成产业目标。农产品区域品牌目标的制订可以根据不同地区的不同情况来多角度考虑，制订目标的规划思想是农产品区域品牌可持续发展应具备的。有了目标，一切发展才有方向，具体的执行者，如农民专业合作组织及企业才有动力去进行每一步计划，农产品区域品牌的发展才更稳健。

（二）宣传农产品区域品牌背后的特色区域文化

优势特色农业产业和农产品，大多具有深厚的历史渊源。这是当地气候、地理、文化、习俗经过多年融合积淀的结果，是农产品区域品牌最核心的资源。培育农产品区域品牌，就是要把这个资源的作用最大限度地发挥出来，实现资源价值的最大化。一方面要研究、总结、继承、发扬该产品生产、加工方法、技艺和规律，保证产品的传统品质和纯正风味。另一方面，要深入发掘依附在传统产品上的历史文化元素，用典故为品牌添灵气，让历史名人为品牌做宣传。在此基础上，以本区域经济、社会、文化等多方面的特征为基础，建立农产品区域品牌自己的品牌理念、品牌文化和品牌形象。要注重传播和营销每个品牌独特的理念、承载的文化和个性化的形象，使其在同类产品中脱颖而出。文化是消费者认可并且更容易接受的要素，是一个品牌的灵魂所在，着重加强文化的宣传体现出区域特色才能在众多农产品中独树一帜。同企业文化一样重要，区域文化是一种不可复制的自然优势，是宣传产品的最佳切入点。宣传区域特色文化，让消费者从根源开始了解一个产品，无形中会给产品一个不朽的生命周期，使品牌故事能够随着时间源远流长。因此，区域文化是使农产品区域品牌持续发展的重要因素。

（三）推进农业标准化，维护区域品牌形象

农业发展的空间和前景，已不仅限于产品产量的增加，更依赖于产品质量的提高。而标准化生产是提高农产品质量的关键措施，只有坚持走标准化生产之路，才能使农产品质量安全得到有效保障。我国农业特点主要为小农生产、分散性强、产品标准化程度低，产品进入超市或出口等都容易受到限制，这也是制约我国农业发展的因素之一。农产品区域品牌形成的过程，使小农生产聚集成统一生产线，在给定的统一标准下，生产出标准化的农产品。同原来凭经验种植的小农生产相比，标准化生产保证了农产品品质，提高了生产效率。

1. 农业产业标准化的实施方向

农业标准化生产是一项新型、技术含量高、可操作性强的农业生产措施，要对种了一辈子地的农民宣传标准化并非易事。推广标准化模式的前提是建立标准化生产示范培训基地，同时，制订蔬菜品种地方标准，并组织示范基地按照规范的生产技术标准进行生产。通过基地示范来提高生产者的感性认识和对技术标准的认知，这样做能使标准化生产技术全面、快速推广起到事半功倍的作用。

2. 建立标准体系推进农业标准化

农业标准化不仅指生产环节的标准化，更重要的是产业链上的每一个环节都要实行统一标准，这就需要建立农产品标准体系。从产前的育种选种、产中的种植养殖、到产后的加工包装、统一商标，再到流通环节的储存运输都制定统一的标准，使整个产业链给外界的印象一致，将区域理念等文化内涵层面的内容统一起来面对消费者。

（四）整合品牌资源，突出区域特色

我国农产品区域品牌的整体特点是品牌数量多而散，在我国已注册为农产品地理标志商标的农产品品牌中，真正为大众耳熟能详的少之又少，很多地区农产品注册商标逐年增加，但相比于"量"的增长，农产品品牌化的"质"却不高，尤其是市场占有率、知

名度不高。因此，如果不着手对现有各类农产品进行整合，其结果是大家都在一个小圈子里进行恶性竞争，都做不大规模、做不响品牌，而且造成社会资源的很大浪费。因为品牌的创建、维护都需要投入，其中，包括企业资金、政府资源的投入，同时，传统名优农业都以地域为基础，只有整合才能把有限的资源盘活，降低成本，分担风险，凸显地方特色，并合理确定农产品价格，建立和实现网络化销售渠道，确立"品牌"产品的市场地位。

（五）充分发挥农业龙头企业和农民合作组织在品牌培育中的作用

1. 培养农业龙头企业

龙头企业是农产品区域品牌发展的中坚力量，是开展一系列活动的实施主体，政府要充分发挥农业龙头企业在农产品品牌培育中的作用。

2. 规范农民专业合作村

农民专业合作社在农业发展中的作用在国内外都有目共睹，因此，我国也正在大力推进农民专业合作的发展。在发展初期，对农民专业合作社主要采取鼓励发展的政策，很多农民专业合虽然成立了，但是不规范，甚至有名无实。还有一些是企业牵头成立的，而企业牵头成立的合作社组织中，企业侵占农民利益现象时有发生。可见，目前的农民专业合作社规范化程度低，应该给予更多合理的政策引导和规范管理，使其更加活跃地开展经营动，在农产品牌发展中发挥主体作用。

第四节　利用现代信息技术促进农产品网络营销

2010 年我国电子商务产业向纵深发展、网络购物市场迅速扩大，移动互联网终端和业务日益丰富，云计算、物联网等正在形成新的经济增长点，互联网服务经济已初具规模。电子商务核心内容之一的网络营销活动正异常活跃地介入传统产品的产业链中，它所呈现出的方便、快捷和成本低的优点为社会和企业带来了丰厚的利益，并为传统企业产品的销售打开了新的渠道，创造了更多的推广价值。对于农产品市场而言，电子商务运作与网络营销模式同样适用。我国是一个农业大国，由于农产品市场信息不灵，农村市场流通体系不健全导致农产品的结构性、季节性、区域性过剩，出现农产品"卖难"现象，农产品"卖难"问题已成为阻碍我国农业和农村经济健康发展、影响农民增收乃至农村稳定的重要因素，其实质问题是小农户与大市场不相适应的矛盾。而农产品网络营销的实现，是解决"小农户与大市场不相适应"的一个关键，网络营销的发展必将给中国农产品走向国际市场和塑造国际品牌带来更大的机遇，对于促进中国农产品营销有着非凡的意义。同时，对缓解我国农民因"卖难"问题而面临的增产不增收困境具有重要战略意义，也为农业绿色标准化生产提供有力支撑。

一、农产品网络营销的概念

随着互联网和电子商务的崛起，网络营销理论与应用方法越来越受到重视。不少经济学家、营销学家都对网络营销作出了不同的界定，但他们所反映出来的网络营销的内涵是相同的，即网络营销是营销战略的一个重要组成部分，是指为达到满足客户需求的目的，利用互联网技术进行营销活动的总称。网络营销是基于网络技术发展的营销手段和方法的创新，能够适应消费者需求特点的变化。

农产品网络营销被称为"鼠标+大白菜"式营销，是指利用互联网开展农产品营销活动，包括网上农产品市场分析、农产品价格与供求信息收集与发布、网上宣传与促销、交易洽谈、付款结算等活动。最终依托农产品生产基地和物流配送系统，促进农产品个人与组织交易活动的实现。

农产品网络营销能够快速提高农产品流通的效率。在传统的农业生产和销售过程中，销售渠道单一、信息不灵和不对称，致使农户对市场信息把握不准，导致生产决策的失误。农业生产中出现"少了喊、多了砍"的现象。而今与传统营销相比，网络营销更能满足消费者个性化的需求，能够以更快的速度、更低的价格向消费者提供产品和服务，可以更好地开拓国内外市场。因此，农产品网络营销模式为农业生产者铺设了与需求方直接连接的通道，农户足不出户就可越过中间商与终端需求方进行网络双向沟通，可以为农户和农业企业提供全方位的市场信息，增加农产品交易的机会，降低农产品的销售成本，节约农户以及企业用于渠道管理方面的费用支出，为虚拟农产品市场的低成本运营奠定了充分基础。利用互联网资源，农户还可通过一些专业性的交易网站，方便地购买农业运营所需的生产资料，降低了采购成本。农户和企业通过分析市场情况，形成正确的生产决策，同时，可建立互联网直销模式，提供集信息搜集、在线交易产品融收款、售后服务于一体的营销渠道，对于某些特色农产品完全可以实现订单营销，通过网络获取客户订单，按照客户需求进行农产品的生产，减少农产品腐烂变质损失，拓宽农产品销售渠道，提高农产品的市场销售量。网络营销的整合性大大降低了营销的成本，促使农户遵循市场规律，按照农产品市场的需求生产，提高农户的市场意识，实现订单农业。

目前，我国农业正处在由传统农业向现代农业与生态农业转型时期，发展农业信息化、农产品电子商务与网络营销，将给农业的发展带来更好的机遇，并通过提高农产品品牌形象最终增加销售收入，对提高农业生产力，提高农业在国际市场的竞争力，推进农业现代化，促进传统农业向现代农业的跨越式发展，具有重要意义。

二、农产品网络营销问题与对策

20世纪80年代初，美国在实现农业机械化的基础上，政府每年拨款15亿美元用于建立农业信息和市场服务网络。有着粮仓称号的俄亥俄州农场主，一个人经营几千公顷的土地，全靠电脑管理控制生产和销售的每个环节。据不完全统计，美国约2/3的农民人均拥有一台计算机，因农业需要上网的时间每周平均2小时。农民上网主要目的是获得农产品价格、气象、农业结构和化肥市场等方面的信息，并建立良好的农户沟通渠道，实现农产品的网上销售。在发达国家，计算机和因特网就如同拖拉机和气象报告一样重要。

我国农产品网络营销起步较晚，直到1996年，山东省青州农民李鸿儒首次在国际互联网上开设"网上花店"，没有一名推销员，年销售收入达到950万元，客户遍及全国各地，花卉的营销成本大大降低。现在各地政府、涉农企业、经营大户和农民越来越重视农产品网络营销。尽管如此，农民上网的人数还很少，全国各地农产品网络营销应用水平也不高，还处于网上信息发布的初级阶段，大多数农民是线上查询信息，线下进行细节沟通与交易的实施，还没有真正意义上实现农产品网上交易。

（一）我国农产品网络营销问题

1. 农村、农业网络基础设施薄弱

由于我国城乡之间存在信息不对等和数字鸿沟现象，大部分农户，甚至农业龙头企业在计算机应用和网络配备水平上还很落后，致使农村信息网络基础建设水平不高，与农产品网络营销的顺畅实施还有一定的差距。

2. 农产品物流配送体系不健全

由于农产品生产分散在农村千家万户，农产品生产规模较小，不利于农产品的迅速集中，再加上鲜活农产品含水量高，保鲜期短，极易腐烂变质，因此，对农产品物流配送提出了更高的要求。目前，我国农产品物流以常温物流或自然物流形式为主，农产品物流配送相对落后，物流配送体系还不健全，我国农产品市场普遍缺乏配套的农产品预冷库、冷藏库、物流中心等冷链流通系统，农产品的储藏、深加工和运输能力严重不足。

3. 农产品网络营销人才缺乏

由于农户的生活习惯、价值观念和工作方式还跟不上全球信息化发展的趋势，农村农户信息意识和利用信息的能力水平还不高，

真正高水平应用信息能力和具有开发能力的农产品网络营销人才十分匮乏。

上述原因也使得农产品网络营销发展的速度缓慢，成为发展农产品网络营销的主要障碍。网络营销为农产品的销售提供了更为广阔的平台，虽然这一新兴营销方式在农产品的营销实践中还面临着诸多制约和障碍，但随着政府支持力度的不断加大和消费观念的不断转变，今后我国农产品网络营销将会加快发展的步伐。

（二）我国农产品网络营销发展对策

1. 加强农产品网络营销基础设施建设

农产品网络营销的发展，要求有极快的网络传输速度和畅通的网络传输渠道，因此，农村网络基础设施与信息网络建设尤为重要，更要建设有特色的农产品网络营销站点，接入各地农业信息网发布农产品信息，为农产品买卖双方寻找合作伙伴提供方便、快捷的服务平台。这有助于解决农村基层网络信息传递问题，也能加快信息服务"最后一公里"问题的解决，不断消除城乡之间的"数字鸿沟"。因此，一方面政府应该有效落实"电脑下乡"政策，改善农村网民的上网设备不足状况，特别是针对农村偏远地区消费水平和消费习惯，以更实用的电脑配置、更实惠的价格，将优惠的政策落到实处，满足农村地区对电脑等上网设备的基本需求。另一方面应加强农村公共上网场所建设。现今农村乡镇单位、学校、网吧等公共场所的上网条件远低于城镇的发展水平，政府应加大对农村公共上网场所建设的投入力度，改善农村公共场所上网条件。

2. 加快农产品网络营销站点建设

农产品网络营销不管是线上做推广宣传，还是线上直接销售，最重要的是要让你的目标客户在浩如烟海的网络信息中找到你。如何才能让客户找到你？首先你就要在网络上有自己的阵地，也就是有自己的网络营销网站。农产品在网上安营扎寨有 2 种形式，一种是自己开发建设农产品网络营销网站；另一种是借助电子商务 B2C 或 B2B 商城式网站，如淘宝、阿里巴巴等。

农业企业自己开发建设农产品网络营销网站，应在规划农产品网站栏目、内容形式后，请相关网络编程人员开发程序，并留有二次开发增补站点的端口。现今农产品的网络营销网站功能仍以网上营销洽谈、网上网下成交支付为主要形式。因此，营销导向的农业企业会通过网站建设和升级来强化网络营销功能，利用搜索引擎营销、论坛营销、电子邮件营销、博客营销、网络广告等来吸引客户前来企业网站访问，促进农产品"订单农业"的实现。

三、农产品网络营销发展趋势

随着现代农业的发展，我国农产品流通与营销进入了一个新的发展时期，农产品电子商务与农产品网络营销已成为必然选择，这也是农业产业化和农业信息化的需要，更是绿色农业生产的需要。广大的农产品经纪人和企业是农产品流通的主力军，应了解掌握农产品网络营销发展的趋势。

（一）农产品网络营销业务特点

从我国农产品网络营销的实践看，农产品网络营销业务呈现初级、中级和高级层次的特点；从网络营销业务初级层次看，只是为农产品交易提供网络信息服务；从中级层次看，除提供农产品的供求价格信息外，还提供网上竞拍、在线洽谈与交易等功能，但尚未实现交易资金的网上支付；从高级层次看，农产品网络营销不仅实现农产品在线交易，还要完成交易货款的网上支付，是完全意义的网络营销。

（二）农产品网络营销的发展趋势

农产品网络营销呈现出4个发展趋势：个性化趋势、专业化趋势、区域化趋势以及融合化趋势。

1. 个性化趋势

随着人民生活水平的提高，蔬菜、水果、生鲜农产品的消费需求已由数量的增长转变为对质量、口味、营养、安全的追求。消费者个性化定制信息需求和个性化农产品需求将成为农产品网络营销的发展方向。因此，对所有面向终端消费者的网络销售业务来说，需提供多样化个性化的服务，满足社会需求。

2. 专业化趋势

农产品网络营销平台要满足消费者个性化的需求，提供专业化的农产品和专业化水平的农产品网络营销服务。针对一些消费群体、行业或产品类别的专业化网络营销平台数量的不断增加，规模也会不断扩大。

3. 区域化趋势

我国总体上人均收入比较低，但由于地区经济发展的不平衡导致了收入结构的不平衡，电子商务普及应用仍将以大城市、中等城市和沿海经济发达地区为主，B2B 的电子商务模式区域性特征更加明显，所以，农产品网络营销发展的规模和效益将呈现区域化发展趋势。

4. 融合化趋势

农产品网络营销平台在最初的全面开发后必然走向新的融合。即同类平台之间的合并、互补性的兼并和不同平台的战略联盟。因农产品消费需求是全方位的，农产品营销策略、方法与手段必然是线上线下的融合。随着农产品网络营销的不断发展，传统商务与电子商务的融合、传统营销与网络营销的融合、传统物流与现代物流的融合、传统支付与网上支付的融合会越来越明显。

第四章 绿色、有机种植基地建设与农产品加工要求

建设绿色、有机农作物种植基地和农产品加工基地是绿色、有机食品发展的基础，是中国农产品提高档次与国际接轨的必备条件。

第一节 绿色、有机农作物种植基地建设

一、基本术语概念

（一）安全食品

安全食品又称放心菜，是老百姓针对有毒蔬菜而产生的"口头语"，也成为多年来蔬菜生产的一个新概念，是剧毒农药在蔬菜上的残留量没有超过规定的标准，食用后不会引起中毒事件发生的蔬菜，是适合现阶段农业生产，尤其是小规模农户蔬菜生产现状的生产要求，是对蔬菜生产的最低要求。目前主要是使用上海生产的"CL-1残留农药测定仪"，快速检测剧毒农药在蔬菜上的残留量来确定被检测的蔬菜是否可以进入市场，供应居民食用。但严格地说，这还称不上是真正的安全食品。

（二）绿色食品

绿色食品是真正的安全食品，是指无农药残留、无污染、无公害、无激素的安全、优质、营养类食品，是遵循可持续发展原则，从保护和改善农业生态环境入手，在种植、养殖、加工过程中执行规定的技术标准和操作规程，限制或禁止使用化学合成物（如化

肥、农药等）及其他有毒有害的生产资料，实施从"农田到餐桌"全过程质量控制，比无公害农副产品要求更严、食品安全程度更高，并且是按照特定的生产方式生产，经过专门的认证机构认定，许可使用绿色食品商标标志的安全食品。是不是"绿色食品"要看是否有农业农村部认证书、产地认定证书、产品认定证书、监测报告等。绿色食品分为 A 级和 AA 级 2 个级别。

A 级绿色食品是生产基地的环境质量符合 NY/T 391—2000《绿色食品产地环境技术条件》的要求，生产过程严格按照绿色食品的生产准则、限量使用限定的化学肥料和化学农药，产品质量符合 A 级绿色食品的标准，经专门机构认定，许可使用 A 级绿色食品标志的产品。

AA 级绿色食品是指生产地环境与 A 级同，生产过程中不使用化学合成的肥料、农药、兽药以及政府禁止使用的激素、食品添加剂、饲料添加剂和其他有害环境和人体健康的物质。其产品符合 AA 级绿色食品标准，经专门机构认定，许可使用 AA 级绿色食品标志的食品。

（三）有机食品

有机食品是根据有机农业原则和有机食品的生产、加工标准生产出来的，经过有机农产品颁证机构颁发证书的农产品，是完全不用人工合成的肥料、农药、生长调节剂和饲料添加剂的食品生产体系。也就是说有机农业原则是在农业能量的封闭循环状态下生产，全部过程都利用农业资源，而不是利用农业以外的能源影响和改变农业的能量循环。有机食品需要符合以下条件：原料必须来自已建立的有机农业生产体系，或采用有机方式采集的野生天然产品；产品在整个生产过程中严格遵循有机食品的加工、包装、储藏、运输标准；生产者在有机食品生产和流通过程中，有完善的质量控制和跟踪审查体系，有完整的生产和销售记录档案；必须通过独立的有机食品认证机构认证，包括一切农副产品，如粮食、蔬菜、水果、奶制品、畜产品、水产品、蜂产品及调料等。未经认证的产品，不能称为有机食品，也不得使用有机食品标志。因此，有机食品是一类真正源于自然、富营养、高品质的环保型安全食品。有机食品禁止使用基因工程产品，在土地转型方面有严格规定，有机食品一般需要 2~3 年的转换期。有机食品在数量上要进行严格控制，要求定地块、定产量进行生产。目前国内生产有机食品的企业非常少，产品主要销往国外。在我国现有条件下，主张先发展 A 级绿色食品，以后逐步向 AA 级过渡，再与国际上推行的有机食品接轨。

有机食品来自于有机生产体系，是根据有机认证标准生产、加工，并经具有资质的独立的认证机构认证的一切农副产品，如粮食、蔬菜、水果、奶制品、畜产品、水产品、蜂产品及调料等。未经认证的产品，不能称为有机食品，也不得使用有机食品标志。

（四）有机农业生产体系

有机农业生产体系是指遵照严格的有机农业生产标准，在生产中选用抗性作物品种，利用秸秆还田、使用绿肥和动物粪便等措施培肥土壤保持养分循环，采取物理的和生物的措施防止病虫草害，采用合理的耕种措施，保护环境防治水土流失，保持生产体系及周围环境的生态多样性。协调种植业和养殖业的平衡，采用一系列可持续发展的农业技术以持续稳定的农业生产体系的一种农业生产方式。有机农业生产体系的建立需要有一定的有机转换过程。

（五）绿色、有机食品产地环境质量

绿色、有机食品产地环境质量是指绿色、有机农业种植物生长地、动物养殖地及其生产地、加工地的空气环境、水环境和土壤环境质量。

（六）常规生产和平行生产

常规生产及产品是指未获得有关认证或认证转换期的生产体系及其产品。平行生产是有机农业中的一个专用术语，指在同一农业生产单元中，同时生产相同或难以区分的有机、有机转换或常规产

品的情况。

（七）转换期

准备用于有机农业种植的土地不可能完全符合有机种植的要求，需要通过种植一段时间的有机作物后，将土壤转变为完全符合有机农作物种植的条件，这段缓冲的时间称为种植转换期。也就是从开始有机管理至获得有机认证之间的时间，转换期产品不是有机产品。转换期的开始时间从提交认证申请之日算起。一年生作物的转换期一般不少于 24 个月，多年生作物的转换期一般不少于 36 个月。新开荒的、长期撂荒的、长期按传统农业方式耕种的或有充分证据证明多年未使用禁用物质的农田，也应经过至少 12 个月的转换期。转换期内必须完全按照有机农业的要求进行管理。

（八）缓冲（隔离）带

缓冲（隔离）带是指绿色、有机生产体系所在区域与相邻非绿色、非有机生产体系所在区域之间界限明确的过渡区域，该区域的大小和形状必须足以防止邻近区域禁用物质对绿色、有机生产体系的污染。如果绿色、有机地块的邻近地块，可能受到禁用物质喷洒和可能有其他污染存在，则在绿色、有机种植地块与污染地块间，必须设置足够的物理障碍物，或在绿色、有机和常规作物之间设置足够的缓冲过渡带，以保证绿色、有机生产田地不受污染。

（九）认证

认证是由认证机构证明产品、服务、管理体系符合相关技术规范的强制性要求或者标准的合格评定活动。简单地说，就是符合一定要求获得某种身份的评定活动。认证的目的是保证产品、服务、管理体系符合特定的要求。认证的主体是认证机构，也就是经国家认证认可监督管理部门批准，并依法取得法人资格，从事批准范围内的合格评定活动的单位（如农业农村部农产品质量安全中心、中国绿色食品发展中心、中国农机产品质量认证中心）。认证机构与供需双方都不存在行政上的隶属关系和经济上的利害关系，属于第三方性质，合格的认证表示方式是颁发"认证证书"和"认证标志"。

二、绿色、有机农作物种植基地的选择和应具备的条件

生态环境条件是影响绿色食品原料的主要因素之一。因此，绿色食品选定原料生产基地时，必须深入了解基地及周围环境的质量状况，为绿色食品产品质量提供最基础的保障条件。

（1）远离工厂和矿山等企业，直线距离必须达到 15km 以上，同时，选址在工厂和矿山等企业的上风口，地处工矿企业的上游。

（2）避开居民集中居住区。

（3）交通方便，但要避开交通繁华要道。

（4）水源充足，能满足生产的需要，水质清洁并符合绿色食品生产加工要求。

（5）生态环境良好。

（6）土壤要肥沃，有机质含量丰富。

（7）必须经过中国绿色食品发展中心委托的环境监测机构的采样监测，并符合《绿色食品产地环境技术条件》（NY/T 391—2000）的要求。

三、绿色、有机农作物种植基地对环境的基本要求

绿色、有机农业的生产发展，以围绕促进农产品安全、生态安全、资源安全和提高农产品质量与农业综合经济效益，保护与改善区域生态环境为宗旨。绿色、有机农业生产以保护土地为第一要旨，在发展绿色、有机农业生产的过程中，对土壤环境质量要进行定期监测，以确保生产出来的产品安全可靠。绿色农作物种植基地土壤中各项污染物含量，不应超过 NY/T 391—2000 土壤中各项污染物的含量限值中的规定值。另外，生产 AA 级绿色农产品的土壤肥力也应达到《土壤肥力分级》1~2 级指标。

水质对于确保绿色、有机农业产品安全、生态安全、资源安全

和提高农业综合经济效益至关重要。要保护水源，合理开发利用水资源，防治水污染。要节约用水，提高水资源利用效率。绿色农业生产灌溉用水水质应达到 NY/T 391—2000《农田灌溉水中各项污染物的指标要求》的规定；有机农业生产用水水质必须达到 GB 5084—2005《农田灌溉水质标准》。对初步选择为绿色、有机农业生产基地区域内的水质（地表水和地下水）要进行水环境质量监测，符合要求后才能确定为绿色或有机农业生产区。

绿色农业生产区大气环境质量，应符合中华人民共和国农业行业标准 NYT 391—2000《空气中各项污染物的指标要求》，有机农业生产区大气质量应符合 GB 3095—2012《环境空气质量标准》二级标准。在绿色、有机农业生产区域内及周边 3km、上风向 5km 内不得有空气重点污染源，不得有有害气体排放，不得有污染的烟尘和粉尘排放。空气质量要求清新、洁净、稳定。大气质量达不到标准的区域，应先行达标治理，否则，不适宜进行绿色、有机农业生产。

四、绿色、有机农作物种植使用生产资料的基本要求

生产资料使用准则是对生产绿色食品过程中物质投入的一个原则性的规定，它包括农药、肥料、兽药、水产养殖用药、食品添加剂和饲料添加剂的使用。基地生产资料的选择和使用应符合《有机产品》国家标准的要求。基地要推广使用经国家权威部门认定并推荐使用的有机农业生产资料（包括种子、植保产品、肥料、饲料、饲料添加剂、兽药、渔药、生长调节剂等），严禁购入和使用有机农业禁止使用的生产资料。

（一）、绿色、有机农业农药使用原则

绿色、有机农业生产应从作物—病虫草等整个生态系统出发，综合运用各种防治措施，创造不利于病虫草害滋生和有利于各类自然天敌繁衍的生态环境，保持农业生态系统的平衡和生物多样化，减少各类病虫草害所造成的损失。

1. 准则中的农药

被禁止使用的原因有如下几种。

（1）高毒、剧毒，使用不安全。

（2）高残留，高生物富集性。

（3）各种慢性毒性作用，如迟发性神经毒性。

（4）二次中毒或二次药害，如氟乙酰胺的二次中毒现象。

（5）三致作用，致癌、致畸、致突变。

（6）含特殊杂质，如三氯杀螨醇中含有 DDT。

（7）代谢产物有特殊作用，如代森类代谢产物为致癌物 ETU（乙撑硫脲）。

（8）对植物不安全、药害。

（9）对环境、非靶标生物有害。

对允许限量使用的农药除严格规定品种外，对使用量和使用时间做了详细的规定。对安全间隔期（种植业中最后一次用药距收获的时间，在养殖业中最后一次用药距屠宰、捕捞的时间称休药期。）也做了明确的规定。为避免同种农药在作物体内的累积和害虫的抗药性。准则中还规定在 A 级绿色食品生产过程中，每种允许使用的有机合成农药在一种作物的生产期内只允许使用 1 次，确保环境和食品不受污染。

2. 农药种类

（1）生物源农药。该农药指直接利用生物活体或生物代谢过程中产生的具有生物活性的物质或从生物体提取的物质作为病、虫、草、鼠害的农药，包括微生物源农药、动物源农药、植物源农药。

（2）矿物源农药。该农药指有效成分源于矿物的无机化合物和石油类农药，包括无机杀螨、杀菌剂和矿物油乳剂。

（3）有机合成农药。由人工研制合成，并由有机化学工业生产的商品化的一类农药，包括杀虫、杀螨剂、杀菌剂、除草剂等，在 A 级绿色农业生产中限量使用，在 AA 级绿色农业和有机农业生产中严禁使用。

3. 农药使用原则

绿色、有机农业生产应从"作物—病、虫、草、鼠防治—环境"的整个生态系统出发，遵循"预防为主，综合防治"的植保方针，综合运用各种防治施，创造不利于病、虫、草、鼠滋生，但有利于其各种天敌繁衍的环境条件、保持农业生态系统的平衡和生物多样性，减少各类病、虫、草、鼠害所造成的损失。

优先采用良好农业规范所要求的措施，通过选用抗病、抗虫品种，非化学药剂种子处理、培育壮苗、加强栽培管理、中耕除草、秋季深翻晒土、清田园、轮作倒茬、间作套种等一系列措施起到防治病、虫、草害的作用，还应尽量使用灯光、色彩诱杀、机械捕捉害虫，人工或机械除草等措施，防治病、虫、草、鼠的为害。特殊情况下必须使用农药时，应遵守以下原则。

（1）优先使用植物源农药、动物源农药和微生物源农药。

（2）在矿物源农药中允许使用硫制剂、铜制剂。

（3）允许使用对作物、天敌、环境安全的农药。

（4）严格禁止使用剧毒、高毒、高残留或者具有三致（致癌、致畸、致突变）的农药。

（5）如生产上实属必须，A 级绿色农产品生产基地允许有限度地使用部分有机合成化学农药，并严格按照有关规定使用。

（6）如需使用农药新品种，必须经有关部门审批和应由认证机构对该农药进行评估。

（7）从严掌握各种农药在农产品和土壤中的最终残留，避免对人和后茬作物产生不良影响。

（8）严格控制各种遗传工程微生物制剂的使用。

绿色农业生产使用农药，按 NY/T 393—2000《绿色食品农药使用准则》标准执行；有机农业生产农药按 GB/T 19630—2019《有机产品生产、加工、标识与管理体系要求》生产标准规定使用。

（二）绿色、有机农业的肥料使用准则

绿色、有机农业生产使用的肥料必须是：一是保护和促进使用对象的生长及其品质的提高；二是不造成使用对象产生和积累有害物质，不影响人体健康；三是对生态环境无不良影响。农家肥是绿色、有机农业的主要养分来源。

绿色、有机农业允许使用的肥料有七大类 26 种，在 AA 级绿色食品生产中，除可使用 Cu、Fe、Mn、Zn、B、Mo 等微量元素及硫酸钾、煅烧磷酸盐外，不使用其他化学合成肥料，完全和国际接轨。A 级绿色食品生产中则允许限量使用部分化学合成肥料（但仍禁止使用硝态氮肥），但是应该用对环境和作物（营养、味道、品质、和植物抗性）不产生不良后果的方法使用。

肥料施用必须满足作物对营养元素的需要，使足够数量的有机物质返回土壤，以保持和增加土壤肥力及土壤生物活性，最终使作物能达到高产、优质的要求。所有有机或无机肥料应认定其对环境和作物不产生不良后果方可施用。

绿色、有机农业生产施肥的基本原则。

（1）以有机肥料为主。绿色、有机农业生产应以有机肥料（包括农家肥料、商品有机肥料、腐殖酸类肥料、微生物肥料、有机复合肥和氨基酸类叶面肥）为主，适当配施无机肥料的原则进行施肥。A 级绿色农产品生产允许化肥与有机肥配合施用，有机氮和无机氮之比不超过 1∶1。每年每公顷耕地施用无机氮的总量不能超过 300kg，每次每公顷耕地施用无机氮的量不能超过 90kg，最后一次追肥必须在作物收获前不少于 20 天进行。

（2）允许施用农家肥料。农家肥料是指就地取材，就地施用的各种有机肥料。由含有大量生物物质、动植物残体、排泄物、生物废物等积制而成，包括堆肥、沤肥、沼气肥、绿肥、作物秸秆肥、泥肥等。农家肥须经无害化处理并充分腐熟后施用。

（3）允许施用有机商品肥料和新型肥料。绿色、有机农业生产允许施用任何有机商品肥料和新型肥料，但该肥料必须通过国家

有关部门登记及生产许可，质量指标应达到国家有关标准的要求，并通过认证或经认证机构许可方可施用。

（4）绿色 AA 级和有机农产品生产基地禁止施用化学合成肥料和城市污水、污泥。

（5）绿色农业生产按 NY/T 394—2000《绿色食品肥料使用准则》标准施用肥料；有机农业生产按 GB/T 19630—2019《有机产品生产、加工、标识与管理体系要求》标准规定施肥。

（三）农业植物生长调节剂

植物激素、植物生长调节剂都是调节植物生长发育的微量化学物质。农业生产上这 2 个词往往被混用或互相包含。植物激素的使用应严格遵守绿色农产品生产技术规程及农药使用规则的规定，限量使用低残毒、低残留的植物生长调节剂。使用植物激素应不影响绿色农业产品品质的优良性状。

1. 植物生长调节剂的选择

（1）选用合法生产的植物生长调节剂品种。中国植物生长调节剂的生产和使用管理归入"农药"类，用于调节植物生长的产品须按"农药"登记。植物生长调节剂的合法生产，必须具有农业农村部核发的"农药登记证"、国务院工业许可部门颁发的生产许可证或生产批准文件以及省级有关部门审查备案的"产品企业标准"，有产品质量标准并有经质检部门签发的质量控制合格证。

植物生长调节剂产品必须附有标签或说明书，上面应注明植物生长调节剂名称、企业名称、产品批号、调节剂登记证号、生产许可证号或生产批准文件号、调节剂有效成分、含量、重量、产品性能、毒性、用途、使用技术与方法、生产日期、有效期和使用中注意事项。分装品还应注明分装单位，绿色 AA 级和有机农产品生产不允许使用化学合成植物生长调节剂。

（2）针对明确的生产和控制目标。使用植物生长调节剂要有明确的调控目标，如对症解决徒长、脱落、调节花期花时、减轻劳动强度、改变品质等生产问题。不同的植物生长调节剂对植物起不同的调节作用，要根据生产上需要解决的问题、调节剂的性质、功能及经济条件等，选择合适的调节剂种类。

2. 植物生长调节剂的使用

（1）控制使用浓度和剂量。剂量的问题涉及植物生长调节剂使用的效果、成本和农产品及环境的安全。使用植物生长调节剂时，要严格控制浓度和药剂的量，在能够达到调控目的的前提下，尽可能减少用量，做到降低成本、减少残留。

（2）掌握使用时期和时间。植物生长调节剂的生理效应往往是与一定的生长发育时期相联系，过早或过晚都达不到理想的效果，一定要选择在适宜时期施用，同时，注意施用时间，一般在晴朗无风天的上午10：00前较好，雨天不能使用，施药后4小时内遇雨要补施。

（3）针对不同作物、不同品种及不同器官对植物生长调节剂的反应不同，选择不同调节剂种类及使用浓度。

（4）采用合适的剂型与施用方法。植物调节剂有原药及水剂、粉剂、油剂、蒸剂等剂型。使用方法通常有喷雾、浸泡、涂抹、灌注、点滴及熏蒸等。原药通常难溶于水，要选择相应的溶剂溶解后稀释使用。

（5）配置药剂的容器要洗净。不同的调节剂有不同的酸碱度等理化性质，配置药剂的容器一定要清洁。盛过碱性药剂的容器，未经清洗盛放酸性药剂时会失效；盛抑制生长的调节剂后，又盛促进剂也不能发挥效果。

（四）农用塑料

农用塑料是现代农业重要的生产资料，主要包括塑料地膜、製料棚膜、农用灌溉管材和农产品保鲜贮存及包装用膜等。不合理地使用塑料农膜，会给环境造成污染——白色污染。发展绿色、有机农业，要做到科学合理使用农用塑料薄膜。

（1）选用农膜的要求。使用符合国家规定标准的合格农用塑料薄膜产品，其产品要求包括有害物质的含量限制和易回收性。

目前国际上对塑料中主要有害物质的限制种类及含量：一是铅含量≤5mg/kg，镉含量≤5mg/kg，汞含量≤5mg/kg，六价铬含量≤5mg/kg；二是多溴联苯（PBB）≤5mg/kg，多溴联苯醚（PBDE）≤5mg/kg。塑料地膜厚度不小于0.008mm，以达到一定的回收强度，便于使用后农膜的捡拾、清除。塑料棚膜厚度为0.012mm以上的耐老化膜，便于使用后干净利落地清除回收。

（2）优先选用有利于环境保护的可降解农用塑料薄膜。一个生产季节之后，降解膜自行降解成碎片，生物降解膜降解成气体和水，不对土壤和农业环境造成污染。可降解膜应为绿色农业生产使用的首选薄膜品种。

（3）根据作物需要，选用合适的功能膜，延长使用寿命，提高使用效果。

（4）生产上应根据设施及使用季节和地区的不同，选用不同种类和不同厚度的棚膜。绿色、有机农业生产使用保护性的建筑覆盖物、塑料薄膜、防虫网时，只允许选择聚乙烯、聚丙烯或聚碳酸酯类产品，并且使用后应从土壤中清除，禁止焚烧。禁止使用聚氯类产品。

（五）绿色、有机农业的其他生产资料及使用原则

绿色、有机农业的其他主要生产资料还有兽药、水产养殖用药、食品添加剂、饲料添加剂，它们的正确合理使用与否，直接影响到绿色食品畜禽产品、水产品、加工品的质量。如兽药残留影响到人们身体健康，甚至危及生命安全。为此中国绿色食品发展中心制定了《生产绿色食品的兽药使用准则》《生产绿色食品的水产养殖用药使用准则》《生产绿色食品的食品添加剂使用准则》《生产绿色食品的饲料添加剂使用准则》，对这些生产资料的允许使用品种、使用剂量、最高残留量和最后一次休药期天数作出了详细的规定，确保绿色食品的质量。

（六）绿色、有机农业生产操作规程

绿色、有机农业生产操作规程是绿色、有机农业生产资料使用准则在一个物种上的细化和落实。包括农产品种植、畜禽养殖、水产养殖和食品加工4个方面。

1. 种植业生产操作规程

种植业的生产操作规程系指农作物的整地播种、施肥、浇水、喷药及收获5个环节中，必须遵守的规定。

（1）植保方面，农药的使用在种类、剂量、时间和残留量方面都必须符合《生产绿色、有机食品的农药使用准则》。

（2）作物栽培方面，肥料的使用必须符合《生产绿色、有机食品的肥料使用准则》，有机肥的施用量必须达到保持或增加土壤有机质含量的程度。

（3）品种选用方面，选育尽可能适应当地土壤和气候条件，并对病虫草害有较强的抵抗力的高品质优良品种。

（4）在耕作制度方面，尽可能采用生态学原理，保持品种的多样性，减少化学物质的投入。

2. 食品加工业绿色、有机食品生产操作规程

（1）加工区环境卫生必须达到绿色、有机食品生产要求。

（2）加工用水必须符合绿色、有机食品加工用水标准。

（3）加工原料主要来源于绿色、有机食品产地。

（4）加工所用设备及产品包装材料的选用必须具备安全无污染条件。

（5）在食品加工过程中，食品添加剂的使用必须符合《生产绿色、有机食品的食品添加剂使用准则》。

五、改善环境的措施及应达到的标准

（一）改善绿色、有机农业生产基地环境的措施

不断地改善农业生态环境，是建设绿色、有机农业生产基地的重中之重，是建设绿色、有机农业生产基地的目的和前提。要采取

一切有效措施改善与提高生产基地的水、土壤、大气环境质量，使之尽快达到绿色、有机农业生产环境质量标准要求。

（1）建立水、土壤、大气环境质量检测体系，全方位进行农业生态环境监控。

（2）成立农业生态环境保护组织并聘请专业人员进行指导。

（3）治理原有污染并防止新污染产生。

（二）绿色、有机农业生产基地环境质量应达到的标准

由于绿色、有机农业种植基地环境质量已有国家标准可遵循，关键是执行标准的问题。NY/T 391—2000《绿色食品产地环境技术要求》和 GB/T 19630—2019《有机产品生产、加工、标识与管理体系要求》标准分别规定了绿色、有机食品产地的环境空气、农田灌溉用水、土壤环境质量的各项指标及浓度限值，分别适用于绿色（A 级和 AA 级）、有机农产品种植的农田、菜地、果园、茶园、放牧场等。

六、生产基地组织模式与科学管理

（一）生产基地组织模式

绿色、有机农业生产应先通过农民专业合作社将农民组织起来，采取"公司+合作社十农户"的生产模式，建立绿色、有机农业种植基地，最终实现农业生产的标准化、规范化、规范化，从而为绿色、有机农产品加工奠定基础。

（二）科学管理

绿色、有机农作物种植基地，要以科学管理为手段，实现管理标准化和规范化，从繁种到回收综合利用全过程均按绿色或有机产品生产技术标准和规范进行操作，并实行全程监控。具体操作应按不同的农产品适用的标准和规范进行。

为了保持和改善土壤肥力，减少病虫草害，绿色、有机生产者应根据当地生产情况，制订并实施非多年生植物的轮作计划，轮作计划中应将豆科作物包括在内。绿色、有机生产者应制订和实施切实可行的土地培肥计划和有效的基地生态保护计划，包括植树、种草、控制水土流失、建立害虫天敌的栖息地和保护带，保护生物多样性。

1. 土壤培肥

绿色、有机农业都是建立在土地、植物、动物、人类、生态系统和环境之间健康发展的动态农业生产体系。土壤管理是绿色、有机农业的核心。在有机农业生产中，土壤肥力的维持是通过有机物质的循环实现的，通过土壤微生物和细菌的活动，使有机物质的营养有利于作物的吸收。所以，应有足够数量来源于微生物、植物或者动物的生物降解物质返回土壤，以增加或至少保持土壤的肥力和其中的生物活性。培肥计划应尽量减少营养物质损失，防止重金属和其他污染物积累。只有在其他培肥措施已达最优化时才允许使用矿物质肥料，并且以其天然成分的形态使用，不允许通过化学处理来提高其可溶性。

2. 种子选用

所有的种子和植物原料都应获得有机认证。所选择的植物种类和品种应该适应当地的土壤和气候特点，对病虫害有抗性。不允许使用任何基因工程的种子、花粉、转基因植物和种苗等。无法获得有机种子和种苗时，可以选用未经禁用物质处理过的常规种子或者种苗，但应制订获得有机种子和种苗的计划。

3. 病、虫、草害防治与管理

绿色、有机农业生产体系应按照能确保病、虫、草害所带来的损失最小的方式管理，重点应放在选用对环境有很好适应性的作物品种、平衡的培肥土壤计划、高生物活性的肥沃土壤、适宜的轮作、间作方式、覆盖、机械控制、扰乱虫害繁殖周期和绿肥种植上。病虫害和杂草应通过大量的预防性耕作技术来控制。直接控制病虫草害的措施有：通过适当管理天敌栖息地等保护病虫害的天敌；通过了解和干扰害虫的生态需要，制订虫害管理计划；使用基地内的动植物和微生物制成的用于防治病虫草害的产品，使用物理方法控制病虫草害。

4. 水土保持

应以可持续利用的方式对待土壤和水资源，采取有效措施，防止水土流失、盐碱化、沙化、过量或不合理使用水资源以及地表水和地下水污染。禁止开垦原始森林、湿地；禁止过度开发利用水资源。提倡运用秸秆覆盖或者间作的方法避免土壤裸露，禁止焚烧作物秸秆。

5. 野生产品采摘

收获或者采集野生产品不应超过该生态系统可持续的生产量，也不应危害到动植物物种的生存，应有利于维持和保护自然区域功能，应考虑维持生态系统的平衡和可持续性。只有当收获的野生产品，来自一个稳定的和可持续的生长环境并未受到任何禁用物质影响时，该野生产品才能得到有机认证（收集区域应与常规地块以及污染区城保持一定的距离）。

6. 内部质量保证和控制方案

绿色、有机生产者应做好详细的生产和销售记录，包括绿色、有机基地田块与从业人员购买和使用基地内外的所有物质的来源、数量以及作物管理、收获、加工和销售的全过程记录。基地应制订质量保证和控制方案，建立质量保证体系。

七、认证食品分类与检测

国内认证食品大致可分为：无公害食品、绿色 A 级食品、绿色 AA 级食品和有机食品。因检测项目及要求不同，应分别按其规定进行检测，建立检测体系，达到全程监控目标。有机产品的农药残留量不能超过国家食品卫生标准相应产品的 5%，重金属含量也不能超过国家食品卫生标准相应产品的限量。

八、种植基地在确认转换期中的工作内容及应达到的要求

（一）种植基地的选择与确认

绿色、有机农作物种植基地的选择，除必须按国家要求的标准

进行外，更重要的是要与当地政府和龙头企业进行合作，否则，很难成功。具体要求如下。

（1）各级领导重视、政府支持、发展目标明确、方向正确、组织严密、管理严格。

（2）自然条件良好，绿色、有机农业资源丰富。

（3）环境基础良好、环保工作有成效。

（4）绿色、有机农作物种植基地有自我发展基础，重视科技投入和自主创新等。

凡基本符合条件的地区可分别选择为绿色、有机农作物种植基地进入转换，待转换期过后，并经过认证方可正式确认为绿色、有机农业种植基地。

（二）绿色、有机农作物种植基地转换期工作内容

绿色、有机农作物种植基地在转换期中的工作分为 3 个阶段：初期阶段、中期阶段和后期阶段。

1．初期阶段工作

（1）掌握绿色、有机农作物种植基地建设标准。

（2）停止使用不允许施用的肥料、农药等生产资料，促进农业生态环境的改善。

（3）培训专业技术人才。

2．中期阶段工作

（1）进行与种植基地建设有关的水、土壤、大气环境质量检测、评价，取得第一手环境质量资料。

（2）根据环境检测、评价资料，凡不达标的应采取有效措施改善农业生态环境，使之初步达到绿色、有机农作物种植基地标准。

（3）做好绿色、有机农作物种植基地认证前的准备工作。

3．后期阶段工作

（1）绿色、有机农作物种植基地达到绿色有机种植基地的标准。

（2）进行绿色、有机农作物种植基地认证咨询（认证咨询工作也可以在初期或中期启动）。

（3）进行绿色、有机农作物种植基地认证。

（三）绿色、有机农作物种植基地应达到的要求

绿色、有机农作物种植基地建设不仅应将绿色与有机农作物种植基地分开，还要将绿色基地中的 A 级基地和 AA 级基地分开，因为绿色 A 级食品允许在规定范围内施用一定量的化肥和农药，而 AA 级绿色食品和有机农产品种植基地，则完全禁用一切化肥和农药。因此，在种植基地运作初期就应将 A 级绿色食品与 AA 级绿色食品种植基地及有机食品种植基地明确划分，以便种植基地中期和后期的工作分别符合绿色种植标准或有机种植标准。

绿色、有机农作物种植基地建设从始至终都应该严格执行绿色、有机食品种植基地标准，应全面达到认证要求，并顺利通过认证，才能称为建设成功。

九、绿色、有机农业生产资料生产企业条件

绿色、有机农作物种植基地，必须使用绿色、有机农业专用的生产资料（农药、肥料等），其生产企业应符合以下条件：

（1）所生产产品必须是符合国家（国际）绿色、有机农业使用的标准。

（2）必须具有先进制造技术与完整而坚强的研发团队。

（3）能稳定提供足够数量且质量优良的产品。

（4）对绿色、有机农作物种植基地具有较丰富的合作经验。

十、绿色、有机农业肥料、农药施用技术

（一）肥料

肥料使用必须满足作物对营养元素的需要，使足够数量的有机物质返回土壤，以保持或增加土壤肥力及土壤生物活性。所有有机

或无机矿质肥料，尤其是富含氮的肥料应对环境和作物（营养、味道、品质和植物抗性）不产生不良后果方可使用。

（1）必须选用农家肥、商品有机肥、腐殖酸类肥、微生物肥、有机复合肥、无机（矿质）肥、叶面肥等肥料种类，禁止使用任何化学合成肥料。

（2）禁止使用城市垃圾和污泥、医院的粪便垃圾和含有害物质（如毒气、病原微生物、重金属等）的工业垃圾。

（3）各地可因地制宜采用秸秆还田、过腹还田、直接翻压还田、覆盖还田等形式。

（4）利用覆盖、翻压、堆沤等方式合理利用绿肥。绿肥应在盛花期翻压，翻埋深度为 15cm 左右，盖土要严，翻后耙匀。压青后 15～20 天才能进行播种或移苗。

（5）腐熟的沼气液、残渣及人畜粪尿可用作追肥。严禁施用未腐熟的人粪尿。

（6）饼肥优先用于水果、蔬菜等，禁止施用未腐熟的饼肥。

（7）叶面肥料质量应符合 GB/T 17419—2018，或 GB/T 17420—1998 技术要求，按使用说明稀释，在作物生长期内，施 2 次或 3 次。

（8）微生物肥料可用于拌种，也可做基肥和追肥使用。使用时应严格按照使用说明书的要求操作。微生物肥料中有效活菌的数量应符合国家规定的技术指标。

（9）选用无机（矿质肥料中的煅烧磷酸盐、硫酸钾）肥料，质量应分别符合国家有关规定的技术要求。每次施肥用量以作物种类及土壤肥力环境状况而定，应严格按照肥料施用要求进行施肥，勿一次性过量施肥，以免浪费并污染环境，最好采用适量并且多次施肥。

（二）农药

绿色、有机农业生产应从作物—病虫草等整个生态系统出发，综合运用各种防治措施，创造不利于病虫草害滋生和有利于各类天敌繁衍的环境条件，保持农业生态系统的平衡和生物多样化，减少各类病虫草害所造成的损失。视作物生长状况及季节决定使用时机，尽量少用或不用，优先采用农业措施，通过选用抗病虫品种，非化学药剂种子处理，培育壮苗，加强栽培管理，中耕除草，秋季深翻晒土，清洁田园，轮作倒茬、间作套种等一系列措施起到防治病虫草害的作用。

还应尽量利用灯光、色彩诱杀害虫，机械捕捉害虫，机械和人工除草等措施，防治病虫草害。在特殊情况下，必须使用农药时则以符合国家（国际）标准的低毒、微毒或无毒（无残留）农药为使用药种。作物收割（采收）前20天内，禁止使用任何农药。

十一、绿色、有机认证申请人条件

（1）申请人必须要能控制产品生产过程，落实绿色食品生产操作规程，确保产品质量符合绿色食品标准要求。

（2）申报企业要具有一定规模，能承担绿色食品标志使用费。

（3）乡、镇以下从事生产管理、服务的企业作为申请人，必须要有生产基地，并直接组织生产；乡、镇以上的经营、服务企业必须要有隶属于本企业稳定的生产基地。

（4）申报加工产品企业的生产经营需一年以上。

第二节　绿色、有机农产品加工要求

一、术语概念

（一）配料

配料是指在制造或加工食品时使用的，并存在（包括改变性的形式存在）于产品中的任何物质，包括食物添加剂。

（二）食品添加剂

食品添加剂是指用于改善食品品质（色、香、味）、延长食品保存期、便于食品加工和增加食品营养成分的一类化学合成或天然物质。目前我国食品添加剂有 23 个类别，2 000 多个品种，包括酸度调节剂、抗结剂、消泡剂、抗氧化剂、漂白剂、膨松剂、着色剂、护色剂、酶制剂、增味剂、营养强化剂、防腐剂、甜味剂、增稠剂、香料等。

（三）加工助剂

加工助剂本身不作为产品配料用，仅在加工、配料或处理过程中，为实现某一工艺目的而使用的物质或物料（不包括设备和器皿）以及有助于食品加工顺利进行的各种物质。这些物质与食品本身无关，如助滤、澄清、吸附、润滑、脱模、脱色、脱皮、提取溶剂、发酵用营养物质等。它们一般应在食品中除去而不应成为最终食品的成分，或仅有残留，在最终产品中没有任何工艺功能，不需在产品成分中标明。

（四）离子辐照

放射性核素（如钴 60 和铯 137）的辐照，用于控制食品中的微生物、寄生虫和害虫，从而达到长期保存。离子辐照是利用辐照加工帮助保存食物，杀死食品中的昆虫以及它们的卵及幼虫，消除危害全球人类健康的食源性疾病，使食物更安全，延长食品的货架期。辐照能杀死细菌、酵菌、酵母菌，这些微生物能导致新鲜食物类似水果和蔬菜等的腐烂变质。辐照食品能长期保持原味，更能保持其原有口感。我国辐照食品已占到 1/3。照射也抑制在类似马铃薯、洋葱和大蒜等食物的发芽。

二、加工要求

绿色、有机加工总的通用要求是应对所涉及的绿色、有机加工及其后续全过程进行有效控制，以保持加工的有机完整性。绿色、有机食品加工的工厂应符合国家及行业部门的有关规定。

（一）加工厂环境

绿色、有机产品加工厂周围不得有粉尘、有害气体、放射性物质和其他扩散性污染源；不得有垃圾堆、粪场、露天厕所和传染病医院；不应选择对食品有显著污染的区域。如某地对食品安全和食品直接食用性存在明显的不利影响，且无法通过采取措施加以改善，应避免在该地址建厂。厂区不应选择有害废弃物以及粉尘、有害气体、放射性物质和其他扩散性污染源不能有效清除的地址；厂区不宜选择易发生洪涝灾害的地区，难以避开时应设计必要的防范措施；厂区周围不宜有虫害大量滋生的潜在场所，难以避开时应设计必要的防范措施，应考虑环境给食品生产带来的潜在污染风险，并采取适当的措施将其降至最低水平；厂区应合理布局，各功能区域划分明显，并有适当的分离或分隔措施，防止交叉污染；厂区内的道路应铺设混凝土、沥青或者其他硬质材料；空地应采取必要措施，如铺设水泥、地砖或铺设草坪等方式，保持环境清洁，防止正常天气下扬尘和积水等现象的发生；厂区绿化应与生产车间保持适当距离，植被应定期维护，以防止虫害的滋生；厂区应有适当的排水系统。宿舍、食堂、职工娱乐设施等生活区应与生产区保持适当距离或分隔。生产区建筑物与外接公路、铁路或道路应有防护地带。厂内应制订文件化的卫生管理计划，并提供外部设施、内部设施、加工和外包装设备及职工的卫生保障。

（二）配料、添加剂和加工助剂

加工所用的配料必须是经过认证的有机原料、天然的或认证机构许可使用的。这些有机配料在终产品中所占的重量或体积不得少于配料总量的95%。当有机配料无法满足需求时，允许使用非人工合成的常规配料，但不得超过所有配料总量的5%。一旦有条件获得有机配料时，应立即用有机配料替换。使用了非有机配料的加工厂都应提交将其配料转换为100%有机配料的计划。绿色、有机产品中同一种配料禁止同时含有有机、常规或转换成分。作为配料的水和食用盐，必须符合国家食品卫生标准，并且不计入有机配料中。符合 GB/T 19630—2019《有机产品生产、加工、标识与管理体系要求》规定。需使用其他物质时，应事先对该物质进行评估。

禁止使用矿物质（包括微量元素）、维生素、氨基酸和其他从动植物中分离的纯物质，法律规定必须使用或可证明食物或营养成分中严重缺乏的例外。禁止使用来自转基因的配料、添加剂和加工助剂。应建立食品原料、食品添加剂和食品相关产品的采购、验收、运输和存管理制度，确保所使用的食品原料、食品添加剂和食品相关产品符合国家有关要求。不得将任何危害人体健康和生命安全的物质添加到食品中。

（三）加工

绿色、有机产品加工应配备专用设备，如用常规加工设备，则在常规加工结束后必须进行彻底清洗，并不得有清洗剂残留。也可以在正式开始绿色、有机产品加工前，用少量的绿色、有机原料进行加工（即冲顶加工），冲顶加工的产品不能作为有机产品销售，并应保留记录。食用绿色、有机食品加工工艺应不破坏食品的主要营养成分，可以使用机械、冷冻、加热、微波、烟熏等处理方法及微生物发酵工艺；可以采取提取、浓缩、沉淀和过滤工艺，但提取溶剂仅限于符合国家食品卫生标准的水、乙醇、动植物油、醋、二氧化碳、氮或酸。在提取和浓缩工艺中不得添加其他化学试剂，加工用水水质应符合 GB 5749—2006《生活饮用水卫生标准》的规定。

绿色、有机食品加工、储藏过程中禁止采用离子辐照处理，禁止使用石棉过滤材料或可能被有害物质渗透的过滤材料。对于有害生物应优先采用如消除有害生物的滋生条件，防止有害生物接触加工和处理设备，通过对温度、湿度、光照、空气等环境因素的控制，防止有害生物的繁殖等科学有效的管理措施加以预防，允许使用机械类的、信息类的、气味类的、黏着性的捕害工具、物理障碍、硅藻土、声光电器具，作为防治有害生物的设施或材料。在加工和储藏场所遭受有害生物严重侵袭的情况下，提倡使用中草药进行喷雾和熏蒸处理，但不得使用硫黄，更要禁止使用持久性和致癌性的消毒剂和熏蒸剂。

（四）包装、储藏和运输

绿色、有机产品提倡使用木、竹、植物茎叶和纸制的包装材料，允许使用符合卫生要求的其他包装材料进行包装。包装应简单、实用，避免过度豪华，并应考虑包装材料的回收利用。禁止使用含有合成杀菌剂、防腐剂和熏蒸剂的包装材料，并禁止使用接触过禁用物质的包装袋或容器盛装绿色、有机产品。

经过认证的绿色、有机产品在贮存、运输过程中不得受到其他物质的污染。储藏产品的仓库必须干净、无虫害、无有害物质残留，在最近 5 天内未经任何禁用物质处理过。除常温储藏外，还可以采取储藏室空气调控、温度控制、干燥、湿度调节的储藏方法。绿色、有机产品应单独存放，并采用必要措施确保不与非认证产品混放。产品出入库和库存量须有完整的档案记录，并保留相应的单据。绿色、有机产品的运输工具在装载前应清洗干净，运输过程中应避免与常规产品混杂或受到污染，运输和装卸时，外包装上的认证标志及有关说明不得被玷污和损毁，其过程应有完整的档案记录和相应的单据。

（五）环境保护

企业应有废弃物的净化、排放或贮存设施，并远离生产区，且不得位于生产区的上风向。贮存设施应密闭或封盖，并便于清洗、消毒。排放的废弃物应达到相应标准，并应尽量做到循环利用，变废为宝。

第三节　绿色、有机农作物标准化与认证

一、绿色、有机农业种植基地建设标准化

有机食品是指来自于有机农业生产体系，根据有机农业生产的

规范生产加工，并经独立的认证机构认证的农产品及其加工产品。随着我国人民生活水平的提高和食品安全意识的增强以及加入WTO后农产品面临的激烈的国际市场竞争和出口贸易中绿色壁垒的限制，发展有机农业、开发有机食品受到政府、消费者和贸易公司的广泛重视。要进行绿色、有机食品开发建设有机生产基地，首先要了解绿色、有机农业的真实内涵。国际有机农业运动联合会（简称FOAM）对有机农业的定义充分概括了有机农业的内涵与指导思想，其具体内容是：有机农业包括所有能够促进环境、社会和经济良性发展的农业生产系统。这些系统将当地土壤肥力作为成功生产的关键。通过尊重植物、动物和景观的自然能力，达到使农业和环境各方面质量都最完善的目标。有机农业通过禁止使用化学合成的肥料、农药和药品而极大地减少外部物质投入，相反它利用强有力的自然规律来增加农业产量和抗病能力。FOAM强调和支持发展地方和地区水平的自我支持系统，强调要根据当地的社会经济、地理气候和文化背景具体实施。从此定义可知，进行有机生产要有强烈的自然观，即尊重自然规律，要和自然秩序相和谐。另外，还要有很强的环境保护、可持续发展的观念，时刻注意在农业生产的同时，保护环境的质量最后的目标是要达到环境、经济和社会的良性发展。只有理解了有机农业的真实意义和目标，具备了有机的意识，基地才能建设好。中国AA级绿色食品的内涵与有机食品的内涵近似。

（一）绿色、有机农作物种植基地建设应遵循的原则

1. 原则性与科学性相结合

原则性是指在绿色、有机农业基地建设中，要严格遵守绿色、有机认证标准和认证要求。绿色、有机农业除有一定的原则外，还有严格的标准，规定什么行为与方式或物资是允许使用的，什么是限制的，什么是禁止的，并且有专门的认证机构按照绿色、有机生产标准对基地进行检查认证。如果违背了标准，基地就不能通过认证，它生产出的产品也不能以绿色、有机产品出售。而科学性则是

指在遵守绿色、有机生产标准的基础上，应更深层次地应用现代科学技术和管理方法，如农业生态工程技术、产业化经营方式，对基地进行规划与设计，提高基地的综合生产力，实现良好的生态效益、社会效益和经济效益等。

绿色、有机农业认证标准是其原则性与科学性的具体体现，它的制定，遵循以下几个基本原则。

（1）绿色、有机生产主要通过系统自身力量（如种植绿肥，充分利用土壤本身蕴藏的养分等）获得土壤肥力。

（2）建立尽可能完整的营养物质循环体系（充分利用有机废弃物，合理施用有机肥等）。

（3）不使用基因工程品种及其产物。

（4）充分利用生态系统的自我调节机制防治病、虫、草害发生（如多样化种植、轮作、保护天地等）。

（5）不使用化学合成农药、肥料和有害性矿物质肥料。

（6）根据动物天然习性进行养殖，以农场自产饲料为主（要求善待牲畜，保证牲畜健康生活）。

（7）不使用生长调节剂和含有化学合成药物（如抗生素）的饲料。

（8）保护不可再生性自然资源。

（9）生产充足的高品质食品。

理解了绿色、有机农业生产的基本原则，就能很好理解认证标准，也可使生产者从被动遵守变为主动接受，并能灵活掌握运用。除遵守绿色、有机农业生产的基本原则和标准外，绿色、有机农业作为一种超越石油化学农业的农业生产方式，有很大的空间去应用现代科学技术，去发挥人的创造能力。绿色、有机农业要在继承传统农业、石油化学农业优势的基础上，充分利用现代科学技术，去实现绿色、有机农业的目标。在中国能够为绿色、有机农业生产借鉴与引用的现代农业科学技术与知识首先应该是生态农业技术。生态农业与绿色、有机农业的理论基础是生态经济学，生态农业的发展为绿色、有机农业生产基地的建设奠定了基础。另外，植保领域中研究的许多技术如生物防治技术、物理防治技术都可有效地应用于绿色、有机农业的生产中。

2. 生产与市场需求相结合

绿色、有机产品作为安全、优质、健康的环保产品，越来越受到人们的青睐，产品价格也普遍高于常规的 30%～50%，甚至翻倍，但高价格的实现要以市场接受为前提。因此，在基地生产什么产品才有好的市场前景是必须慎重考虑的因素。目前，绿色、有机生产有 2 种情况，一是先有订单，再组织生产；二是先生产，再寻找市场。前者不存在眼前的市场问题，后者则经常具有盲目性，因此，在基地建设过程中，要对当前有机产品的市场行情作调查，咨询什么产品受消费者欢迎，使生产的产品能和市场需求有效地结合起来，优先开发有市场前景的产品。

3. 生态、社会、经济三大效益相结合

实现生态、社会、经济协调发展是各种可持续农业生产方式的共同目标。在绿色、有机农业基地建设过程中，生产、管理人员必须具备强烈的环保意识，包括对基地的绿化、美化，对生物多样性的保护，对土地、水资源的保护，尽量减少裸地，避免水土流失现象的发生等。经济效益增大也是绿色、有机生产极为重要的目标，一方面通过综合生产提高基地的整体生产力；另一方面是通过较高的价格回报来实现高的经济效益。社会效益包括为广大消费者提供无污染、优质、安全、健康、营养的产品，为劳动者提供更多的就业机会，提高整个社会的环保意识，协调社会公正性，使越来越多的人从事绿色、有机生产。在绿色、有机生产基地建设过程中，要加强对基地的宣传，主动地争取获得较高的三大效益，并使它们能够有机地结合起来。

（二）绿色、有机农作物种植基地建设的内容与步骤

绿色、有机农作物种植基地建设的内容包括基地选择和现状评估、总体规划、种植模式的选择、生产技术和质量管理体系的建立

等。建设绿色、有机农作物种植基地的一般步骤如下。

基地选择→基地规划→人员培训→制订生产技术与质量管理方案→方案的实施—申请和接受绿色、有机农产品生产基地的检查认证→获得有机农业生产基地证书→生产绿色、有机农产品（获得绿色、有机农产品标志）。

1. 基地选择

绿色、有机农业是一种农业生产模式，故原则上所有能进行常规农业生产的地方都能进行绿色、有机农业生产基地建设，且绿色、有机农业强调设置缓冲带（隔离带）和转换期，通过隔离、转换来恢复农业生态系统的活力，降低土壤的毒害物残留量，而非强求首先要有一个非常清洁的生产环境。为了确保所选基地符合农业生产基本条件，在选择基地时，必须首先按照 GB 5084—2005《农田灌溉水质标准》和 GB 15618—2018《土壤环境质量标准》检测灌溉用水和田块土壤质量，水质要达到相应种植作物的水质标准，土壤至少要达到二级标准。

选择的基地要充分考虑相邻田块和周边环境对基地产生的潜在影响，要远离明显的污染源如化工厂、水泥厂、石灰厂、矿厂等，也要避免常规地块的水流入有机地块。另外，对于基地的劳动力资源、农民的生产技术、交通运输情况也要加以考虑。对于野生植物的绿色、有机产品开发，基地必须选择在 3 年内没有受到任何禁用物质污染的区域和非生态敏感的区域。要了解基地的土壤背景，土壤质量要符合 GB 15168—2018《土壤环境质量标准》的要求。

2. 基地规划

对选择好的基地或决定转换的基地，实行科学和因地制宜的规划是非常重要的工作。制订规划可分 2 个步骤进行，首先，要对基地的情况进行调查分析，了解当地的农业生产、气候条件、资源状况以及社会经济条件，明确当地适合开发的优势产品和转换可能遇到的问题；其次，在掌握基地基本状况的基础上，为基地制定具体的发展规划。在规划整体设计上，要以生态工程的原理为指导，参照我国生态农业中成功的农业生态工程的模式，规划设计符合当地自然、社会、环境条件的绿色、有机农业生态工程系统。在具体细节上，要依据绿色、有机农业的原理和绿色、有机食品生产标准的要求，制订一个详细的有关生产技术和生产管理的计划，有针对性地提出解决绿色、有机生产、土壤培肥和病虫草害的防治方案、措施，建立起从"田头到餐桌"的全过程质量控制体系，从而为绿色、有机农业的开发在技术和管理上奠定基础。另外，规划中对基地采取的运作形式（如公司加农户、公司+新型经营主体+农户或公司租赁经营、农民以协会或农民专业合作社的形式组织生产）、基地建设的保障措施（如组织领导、资金投入等）等都要有所考虑。

初步从事绿色、有机农业开发的生产者或贸易商，从基地选择到基地规划应当邀请绿色、有机农业专家一起参加，以减少盲目性，少走弯路，提高效率，使绿色、有机农业生产从开始就标准规范地进行。对于以县、乡为单位的绿色、有机生产规划，必须划定各乡或村适合发展的绿色、有机生产主导行业和产品，并使不同基地之间能够有机地联系在一起（如种植、养殖之间的联系），促使有用物质在区域内循环利用，有效地提高系统的综合生产力与经济效益。绿色、有机农作物种植基地规划的另一重要方面，是要将绿色、有机产品的检查认证与营销体系包括在内。绿色、有机农业的效益重要方面来自于绿色、有机产品的成功销售，没有一个良好的营销策略规划，将严重影响基地发展绿色、有机农业的积极性。

3. 人员培训

绿色、有机农业是知识与技术密集型的产业，绿色、有机农业生态工程牵涉的技术面很广。因此，使基地技术人员和生产人员了解并掌握绿色、有机农业的生产原理与生产技术，掌握绿色、有机农业生态工程建设的原理与方法，是绿色有机农业成功开发的关键。只有当生产者真正具备了绿色、有机生产和生态工程的意识，并掌握了相应技术、标准后，基地建设才能顺利进行。经验表明，绿色、有机生产的成功转换，首先在于生产者的意识与思想观念的转换，当他们能够摆脱常规生产的思路，用绿色、有机农业的原理与技术方法来指导生产行为时，绿色、有机农业转换就离成功不远了。因此，基地建设一定要十分重视人员的培训和人才的培养。培训的内容主要有：有机农业与有机食品的基础知识；有机食品生产、加工标准；有机农业生产的关键技术；生态工程的原理与实践；选定作物的栽培技术；畜禽的养殖技术；有机食品国内外发展状况；有机食品检查认证的要求；有机食品的营销策略等。

4. 制订生产技术与质量管理方案

绿色、有机农业强调利用生态、自然的方法进行生产，限用或禁用人工合成的化学品（农生资料）。因此，绿色、有机生产不是在问题出现之后再试图去解决，而是要预防问题的出现。对于作物的病虫草害，要用健康的栽培方法进行预防，再辅之以适当的物理、生物的方法进行综合防治。这就要求在农作物种植之前就应该制订出绿色、有机生产的技术方案，预测作物生长过程中可能出现的病虫、草害，并提出相应的防治对策和具体措施。另外，绿色、有机生产还强调实行科学的轮作和土壤培肥，这些内容在规划中都应有具体的计划方案。

5. 方案的实施

绿色、有机农作物种植基地，必须建立一个专门负责实施基地规划与生产技术方案的队伍，保证各项措施能够及时落实到位。根据基地情况，可以以"公司+农民专业合作社+农户或农场"的形式组织生产；也可以通过地方政府建立专门机构组织农户或农场进行生产；或通过农民专业协会的形式，形成以公司至农场或农户，再至农民或与当地技术人员代表的三级结构，确保绿色、有机生产的顺利进行。对于有许多农户组成的绿色、有机生产单元，要建立完善的内部质量控制体系，设定内部检查员，认证机构将以小农户认证的方式进行检查认证。

6. 基地申请绿色、有机认证

基地开始绿色、有机种植转换后，应及时向绿色或有机产品认证机构申请绿色、有机生产的检查认证。做好接受检查的各项准备工作，以便基地能够顺利地通过检查认证。

7. 销售绿色、有机产品

绿色、有机产品获得认证后，其证书和标志就是进入国内外绿色、有机产品市场的通行证。但有了证书并不意味着产品销售就没问题，就能以高于常规产品的价格出售，相反，有些基地拿到有机证书后，不知如何发挥证书的价值，以至不能实现预期的目的。为了顺利出售绿色、有机产品，需要在生产的同时，做好宣传，充分发挥证书的作用，并制订一个切实可行的销售方案，不要等产品生产出来后再找市场。

绿色、有机产品销售是长期的过程，生产基地不要急于求成，要在真正按照绿色、有机生产标准进行运作的基础上，不断提高基地的知名度，树立基地的自身信誉后，销售自然就不成问题。

（三）绿色、有机农作物种植基地的质量控制

绿色、有机产品从外表上很难与常规产品相区分。因此，如何来保证和验证某个产品是真正的绿色、有机产品，就要求建立起对绿色生产、有机生产全过程进行质量控制和跟踪审查的有效体系。有机生产的质量控制包括外部控制、内部控制和质量教育3个方面。

1. 外部质量控制

外部质量控制即通过独立的第三方绿色、有机产品认证机构来执行。该机构通过派遣检查员对生产基地进行告知和不告知的实地检查，审核整个生产过程是否符合绿色、有机农业生产要求。检查员判断的依据，一方面是通过田间实地考察和同生产者的交流，了解生产者是否懂得绿色、有机农业的基本知识，寻找是否有禁用物质的证据；另一方面是看基地是否有健全的内部质量控制方案。随着国家对有机食品的重视，对有机食品质量的监控将逐渐加强，除

认证机构外，国家环保总局有机产品认证中心将抽查有机生产基地的生产过程与产品。

2. 内部质量控制

内部质量控制是指生产基地内部本身采取保证质量的措施，其实也就是一种诚信的保证。每个生产基地只依赖于每年1~2次的例行检查来控制质量是远远不够的，如果缺乏诚信，绿色、有机产品的质量就很难得到保证。内部质量控制方案要建立从领导到管理人员、再到生产人员代表组成的质量管理机构，制订基地的生产管理制度、管理方法与措施，监督基地的生产过程严格遵守绿色、有机生产标准，与农民专业合作社或农户签订相应的质量保证合同与产品收购合同。基地还必须建立完整的质量跟踪审查体系，即文档记录体系。基地地块图、田块种植历史、农事日记、详细的投入、产出、贮藏、包装、运输、销售各个环节，都应有相应的文档记录，并且彼此间要相互衔接，保证能从终产品追踪到作物的生产地块，从而保证产品绿色、有机质量的完整性。文档记录体系同时还有助于生产者制订良好的生产管理计划。对于小农户认证，除做好文档记录外，要求建立良好的内部质量控制体系，还要求生产者彼此相邻，种植作物与农事操作必须统一，使用同样的投入物质，产品统一加工和销售，要有内部检查员，并制订违反标准的惩罚制度等。那些通过ISO9000、ISO14000、HACCP认证的企业，则有机生产、加工的内部质量管理体系就比较容易建立，因它们的要求有很大的相似之处。文档记录体系主要组成要素如下。

（1）田块（基地）地图。地图应清楚地表示出田块的位置、大小、田块号、边界、缓冲区域和相邻地块使用情况等。地图还要表示出种植的作物、建筑物、树木、河流、排灌设施和其他相应性地块标志物。

（2）田块历史。田块历史要以表格形式，详细说明最近3年作物生产实践和投入。一般标明田块号、面积、生产布局、每年的作物生长和投入情况。

（3）农事日记。日记应详细地记述实际的生产实践过程，如耕地的日期和方式、投入记录、播种日期和品种、气候条件、收获的日期、产量、储存地点、设施、器具的清洗和其他观察的情况。农事记录中要注意平行生产问题，在不可避免平行生产的情况下，从文档记录到实际操作的各个环节都必须做到绿色、有机生产与平行生产严格区分开。

（4）投入记录。投入记录要以表格形式记录生产资料的投入，包括使用物资的类型、来源、使用量、使用日期和田块号等。

（5）收获记录。收获记录表格应显示作物或产品的类型、收获设备、设备清洁的程序、田块号、收获日期、产量。此时，开始设计并使用批号。

（6）储存记录。储存记录要显示仓库号、储存能力、储存日期、储存种类、田块号、批号、进库量、储存量、出库量、出库日期、结余量、终止日期。对于清洁、害虫问题和控制措施也要详细记录。

（7）标贴（标志）。产品标贴应包括产品的类型、名称、数量、生产地址、生产认证号、批号、日期代码等标志应清楚并准确标出绿色、有机产品的状况，说明产品中添加剂即加工配料的所有成分；标明野生产品或者野生产品提取的成分。对于多成分的产品，如果其成分（包括添加剂）不全来自绿色、有机原料，其所有原料应按重量百分比的顺序在产品标签中列出，并明确哪种原料是经过认证的绿色、有机原料，哪种不是。

（8）销售记录。销售记录是指发票、收据本、销售日记、购买单等，能证明销售日期、产品、批号、销售量和购买者的证据。

（9）批号。批号是从生产基地开始对绿色、有机产品在绿色、有机体系中流动起重要鉴别作用的代码系统。批号代码使生产者把产品与生产地块相连接，要包含生产基地名称、作物类型、田块号和生产年份的信息内容。

3. 质量教育

除内部质量控制外，质量教育也是保证绿色、有机产品质量的重要手段，只有当绿色、有机生产各个环节的工作人员具备了强烈的质量意识，质量控制措施才能有效地实施。质量意识的培育要通过对绿色、有机农业、有机食品的原理、意义、理念的宣传、培训来达到，如日本有机产品认证标准（简称 JAS 法）就规定有机生产、加工过程的管理者必须参加认证机构指定的培训班的学习。

通过外部检查控制和内部的自我控制，就能向消费者保证其购买的有机食品是真正来自有机生产体系的产品。有些基地为了向消费者证实其有机生产方式，专门组织消费者代表到基地参观考察，让他们亲身体验有机生产过程，增加消费者的信赖度。

绿色、有机农作物种植基地的建设是一个渐进的过程，要求生产和管理人员不断积累技术与管理方面的经验，不断完善基地的生产结构，挖掘基地的生产潜力，从而不断地改善基地的生态环境，提高基地的知名度、信誉度，最终实现生态、社会、经济都取得应有的效益。

二、有机农产品认证

有机认证是有机农产品认证的简称。有机认证是当国家和有关国际组织认可并大力推广的一种农产品认证形式，也是我国国家认证认可监督管理委员会统一管理的认证形式之一。推行有机产品认证的目的，是推动和加快有机产业的发展，保证有机产品生产和加工的质量，满足消费者对有机产品日益增长的需求，减少和防止农药、化肥等农用化学物质和农业废物对环境的污染，促进社会、经济和环境的可持续发展。

有机农业生产标准涉及领域广泛，包括农作物、蔬菜、水果、野生产品、畜禽产品、水产品、纺织品、化妆品等各个种类。有机农作物认证是有机认证的重要内容，其重点在农业田周围环境、农田历史、田间管理和生产管理4个方面。其中，田间管理又包括土壤培肥、种子选育、病虫草害防治、水土保持和生态保护等多样化种植和轮作的内容。

（一）认证工作中的基本概念

1. 认证范围

绿色、有机种植业申请认证的单元应该是完整的基地（如农场）。如果基地既有绿色、有机生产又有其他生产（平行生产），基地经营者必须指定专人管理和经营用于绿色、有机生产的土地。这里所指基地包括国营或集体基地、个人承租的基地、公司承租的基地以及小农户合理组织成的基地。基地的边界应该清晰，所有权和经营权应明确。

2. 认证对象

绿色、有机种植业认证的对象是地块及其生产管理。如果地块环境条件符合绿色、有机生产要求，作物生长以及田间管理又满足绿色、有机作物生产要求，则该地块上生产的所有农作物都可以作为绿色、有机农产品得到认证。

3. 认证依据

有机产品认证依据是 GB/T 19630—2019《有机产品 生产、加工、标识与管理体系要求》标准和 CNCA-N-009：2014《有机产品认证实施规则》。

（二）认证申请人应具备的条件

（1）取得国家工商行政管理部门或有关机构注册记的法人资格。

（2）已取得相关法规规定的行政许可（适用时）。

（3）生产、加工的产品符合中华人民共和国相关法律法规、安全卫生标准和有关规范要求。

（4）建立和实施了文件化的有机产品管理体系，并有效运行3个月以上。

（5）申请认证的产品种类在国家认证认可监督管理委员会公

布的有机产品目录内。

（6）在5年内未因获证产品质量不符合国家相关法规、标准强制要求或者被检出禁用物质的；生产、加工过程中使用了有机产品国家标准禁用物质或者受到禁用物质污染的；虚报、瞒报获证所需信息的；超范围使用认证标志等原因，被认证机构撤销认证证书（初次认证不要求此条件）。

（7）在一年内，未因产地（基地）环境质量不符合认证要求的；认证证书暂停期间，认证委托人未采取有效纠正或者（和）纠正措施的；获证产品在认证证书标明的生产、加工场所外进行了再次加工、分装、分割的；对相关方重大投诉未能采取有效处理措施的；获证组织因违反国家农产品、食品安全管理相关法律法规，受到相关行政处罚的；获证组织不接受认证监管部门、认证机构对其实施监督的；认证监管部门责令撤销认证证书等原因，被认证机构撤销认证证书。

（三）有机产品认证的基本要求

1. 有机产品生产的基本要求

（1）有机产品基地必须远离居民生活区（矿区、交通主干线、工业污染源、垃圾场）之类的区域。

（2）有机产品基地的环境符合 GB 15618—2018《土壤环境质量标准》、GB 5084—2005《农田灌溉水标准》、GB 3095—2012《环境空气质量标准》。

（3）有机生产基地要和普通生产基地之间有缓冲区域（树林、道路、沟等）。

（4）生产基地在最近3年内未使用过农药、化肥等违禁物质。

（5）种子或种苗来自于自然界，未经基因工程技术改造过；种子和种苗不能使用农药等禁用物质处理，适合当地的生长环境，非转基因品种，对病害有比较好的抗性。

（6）使用腐熟的有机肥，禁止使用化肥和城市污水。禁止使用农药和除草剂。严格控制矿物质肥料的使用，防止重金属积累。

使用合理的种植结构和种植制度，根据作物种植年限和土壤肥力进行轮作、间作、休耕。

（7）生产基地应建立长期的土地培肥、植物保护、作物轮作和畜禽养殖计划。

（8）生产基地无水土流失、风蚀及其他环境问题。

（9）作物在收获、清洁、干燥、贮存和运输过程中应避免污染；储存仓库禁止放置农药、化肥，卫生达标，有防虫鼠措施。运输工具也必须清理干净。

（10）有机农产品在土地生产转型方面有严格规定。考虑到某些物质在环境中会残留相当一段时间，土地从生产其他农产品到生产有机农产品需要2~3年的转换期，而生产绿色农产品和无公害农产品则没有土地转换期的要求。

（11）在生产和流通过程中，必须有完善的质量控制和跟踪审查体系，并有完整的生产和销售记录档案。

2．有机产品加工贸易的基本要求

（1）原料必需是来自已获得有机认证的产品和野生（天然）产品。

（2）已获得有机认证的原料在最终产品中所占的比例不得少于95%。

（3）只允许使用天然的调料、色素和香料等辅助原料和OFDC有机认证标准中允许使用的物质，不允许使用人工合成的添加剂。

（4）有机产品在生产、加工、贮存和运输的过程中应避免污染。

（5）加工/贸易全过程必须有完整的档案记录，包括相应的票据。

基本满足上述要求者，即可进行有机产品（转换）认证。

（四）有机产品认证程序

有机认证程序一般都包括认证申请和受理（包括合同评审）、文件审核、现场检查（包括必要的采样分析）、编写检查报告、认证决定、证书发放和证后监督等主要流程。

申请人直接向有机中心提出申请，在认证委托人申报材料齐全的前提下，一般为 4 个月左右完成认证程序。有机产品认证证书有效期为 1 年，根据《有机产品认证实施规则》条款 7.1 的要求，获证组织应至少在认证证书有效期结束前 3 个月向有机中心提出再认证申请。再认证过程除申请评审和文件评审可适当简化外，仍需执行上述程序。

获证产品或者产品的最小销售包装上应当加施中国有机产品认证机构标志及其唯一编号、认证机构名称或者其标志。

（五）需要提交的文件及资料

申请者书面提出申请认证时，根据《有机产品认证实施规则》的规定，应向有机认证机构提交下列材料。

（1）认证委托人的合法经营资质文件复印件，如营业执照副本、组织机构代码证、土地使用权证明及合同等。

（2）认证委托人及其有机生产、加工、经营的基本情况：认证委托人名称、地址、联系方式；当认证委托人不是产品的直接生产、加工者时，生产、加工者的名称、地址、联系方式、生产单元或加工场所概况（申请认证产品名称、品种及其生产规模包括面积、产量、数量、加工量等）；同一生产单元内非申请认证产品和非有机方式生产的产品的基本信息；过去 3 年间的生产历史，如植物生产的病虫草害防治、投入物使用及收获等农事活动描述；野生植物采集情况的描述；动物、水产养殖的饲养方法、疾病防治、投入物使用、动物运输和屠宰等情况的描述；申请和获得其他认证的情况。

（3）产地（基地）区域范围描述，包括地理位置、地块分布、缓冲带及产地周围临近地块的使用情况等；加工场所周边环境描述、厂区平面图、工艺流程图等。

（4）有机产品生产、加工规划，包括对生产、加工环境适宜性的评价，对生产方式、加工工艺和流程的说明及证明材料，农药、肥料、食品添加剂等投入物质的管理制度以及质量保证、标识与追溯体系建立、有机生产加工风险控制措施等。

（5）本年度有机产品生产、加工计划，上一年度销售量、销售额和主要销售市场等。

（6）承诺守法诚信，接受行政监管部门及认证机构监督和检查，保证提供材料真实、执行有机产品标准、技术规范的声明。

（7）有机生产、加工的管理体系文件。

（8）有机转换计划（适用时）。

（9）当认证委托人不是有机产品的直接生产、加工者时，认证委托人与有机产品生产、加工者签订的书面合同复印件。

（10）其他相关材料。

（六）有机食品标志的使用

根据证书和《有机食品标志使用管理规则》的要求，签订《有机食品标志使用许可合同》，并办理有机或有机转换标志的使用手续、证书与标志使用。

认证证书和认证标志的管理、使用应当符合《认证证书和认证标志管理办法》《有机产品认证管理办法》和《有机产品生产、加工、标识与管理体系要求》国家标准的规定。

中国有机产品认证标志分为中国有机产品认证标志和中国有机转换产品认证标志。获证产品或者产品的最小销售包装上应当加施中国有机产品认证标志及其唯一编号（编号前应注明"有机码"以便识别）、认证机构名称或者其标识。

初次获得有机转换产品认证证书一年内生产的有机转换产品，只能以常规产品销售，不得使用有机转换产品认证标志及相关文字说明。

认证证书暂停期间，认证机构应当通知并监督获证组织停止使用有机产品认证证书和标志，暂时封存仓库中带有有机产品认证标志的相应批次产品；获证组织应将注销、撤销的有机产品认证证书和未使用的标志交回认证机构或获证组织应在认证机构的监督下销毁剩余标志和带有有机产品认证标志的产品包装。必要时，召回相应批次带有有机产品认证标志的产品。

（七）保持认证

（1）有机食品认证证书有效期为 1 年，在新的年度里，COFCC 会向获证企业发出《保持认证通知》。

（2）获证企业在收到《保持认证通知》后，应按照要求提交认证材料、与联系人沟通确定实地检查时间并及时缴纳相关费用。

（3）保持认证的文件审核、实地检查、综合评审以及颁证决定的程序同初次认证。

三、绿色食品认证

绿色食品认证是依据《绿色食品标志管理法》认证的绿色无污染可使用食品制定本程序，凡具有绿色食品生产条件的国内企业均可按本程序申请绿色食品认证，境外企业另行规定。

（一）绿色食品认证程序

绿色食品产品认证程序包括认证申请、受理及文审、现场检查及产品抽样、环境监测、产品检验、认证审核、颁证等环节。其中，最主要的是文审及现场检查，文审决定是否受理其申请，现场检查的结果决定其是否能够通过认证。绿色食品标志由申请人向省级农业行政主管所属绿色食品工作机构提出申请，经审查合格后报中国绿色食品发展中心审定发证。

1. 认证申请

申请人向省级绿色食品发展中心提交正式的书面申请，领取《绿色食品标志使用申请书》《企业生产情况调查表》及《绿色食品认证附报材料清单》，也可以登陆中国绿色食品网（w. greenfood. org）下载上述材料，按要求填写《绿色食品标志使用申请书》《企业生产情况调查表》。准备《绿色食品认证附报材料清单》中要求提供的其他材料，并订成册后提交到省绿色食品发展中心（缺一项不予受理）。

2. 认证审核（文审）

省绿色食品发展中心收到申请企业上述材料后，进行编号并下发《受理通知书》。在5个工作日内对申报材料进行审核，并下发《文审意见通知单》，将审核结果通知申报企业。《文审意见通知单》内容包括补充材料和进行现场检查以及环境监测时间。

3. 现场检查

省级绿色食品发展中心将根据企业申报材料和跟企业协商指定地和时间，派绿色食品检查员对申请企业产品（原料）生产、加工情况进行实地检查并对申报产品进行抽样、实地检查内容包括召开首次会议、检查产品（原料）生产情况、访问农户和有关技术人员、检查产品加工情况、查阅文件（基地管理制度、合同（协议）、生产管理制度等）记录（管理记录、出入库记录、生产资料购买及使用记录、交售记录、卫生管理记录、培训记录等）、召开总结会议，现场检查后认为需要进行环境监测，委托定点的环境监测机构对申报产品或产品原料产地的大气、土壤和水进行环境监测与评价，将抽样的产品交到定点产品检测单位安排产品检验（绿色食品检查员现场检查的过程需要进行拍照）。

4. 上报国家中心

省级绿色食品发展中心将申报企业初审合格的材料以及绿色食品检查员现场检查意见、《环境监与评价报告》《产品检验报告》等材料上报到中国绿色食品发展中心，中国绿色食品发展中心对上述中报材料进行审核，并下发《审核意见通知单》，将审核结果通知申报企业和省级绿色食品发展中心，合格者进入办证环节，不合格者当年不再受理其申请。

5. 颁发证书

终审合格的申请企业与中国绿色食品发展中心签订绿色食品标志使用合同，中国绿色食品发展中心对上述合格的产品进行编号，并颁发绿色食品标志使用证书。

6. 收费

按照绿色食品认证有关规定，绿色食品标志使用企业向中国绿色食品发展中心缴纳绿色食品标志认证费和绿色食品标志使用费。认证费具体收费标准为：每一个产品 8 000 元，同类的系列产品超过两个的部分每一个产品收取 1 000~3 000 元不等（一次性收取）。标志使用费对每一类产品有所不同，一般初级农林产品 1 000 元、初级畜禽类产品、水产品以及初加工农林产品为 1 800 元，初加工畜禽类产品和水产品为 2 500 元、深加工产品为 3 000 元左右。标志使用费一般一年一交。

具体时限规定为：省级工作机构在申请人提出申请之日起 10 个工作日完成材料审核；符合要求的，在产品及产品原料生产期内 45 个工作日内完成现场检查；现场检查合格的，在 10 个工作日内提交现场检查报告；申请人委托符合规定的检测机构进行产品和环境检测，检测机构自产品样品抽样之日起 20 个工作日内，环境样品抽样之日起 30 个工作日内完成检测工作，出具产品质量检验报告和产地环境监测报告；省级机构自收到产品检验报告和产地环境监测报告之日起 20 个工作日内完成初审；初审合格的，在中国绿色食品发展中心收到材料后 30 个工作日内完成书面审查。

按照上述规定，申请人从提出许可审查申请到完成标志许可审查最多需要 165 个工作日。中国绿色食品发展中心自 2013 年起修订了《绿色食品标志许可南章程序》，进一步强调了各环节工作时限的要求，严格按照工作时限执行。另外，自 2012 年起，对全国 27 个省级机构下放续展审批权，明确由省级绿色食品工作机构开展证书到期续展企业的审查把关和审批工作。同时，根据《绿色食品标志管理办法》。明确了县级以上地方人民政府农业行政主管部门对绿色食品产地环境、产品质量、包装标识、标志使用等情况进行监管检查的属地管理责任。

（二）绿色食品标准

绿色食品标准是推广先进生产技术，提高绿色食品生产水平的指导性技术文件。绿色食品标准不仅要求产品质量达到绿色食品产品标准，而且为产品达标提供了先进的生产方式和生产技术指标的同时，是维护绿色食品生产者和消费者利益的技术和法律依据。绿色食品标准是以我国国家标准为基础，参照国际标准和国外先进标准制定的，既符合我国国情，又具有国际先进水平。绿色食品标准由基础性标准和产品标准两部分组成。目前，经农业农村部发布的有关产地环境、生产过程、产品质量、贮藏运输等涉及绿色食品全程质量控制各个环节的农业行业标准共 90 项，形成了一套较为完整的标准体系，为绿色食品开发、认证和管理工作提供了有力的技术保障。

1. 绿色食品产地环境质量标准

绿色食品产地环境质量标准（NY/T 391—2000 绿色食品产地环境技术条件）规定了产地的空气质量标准、农田灌溉水质标准、渔业水质标准畜禽养殖用水标准和土壤环境质量标准的各项指标以及浓度限值、监测和评价方法。提出了绿色食品产地土壤肥力分级和土壤质量综合评价方法。

2. 绿色食品生产技术标准

绿色食品生产过程的控制是绿色食品质量控制的关键环节，绿色食品生产技术标准是绿色食品标准体系的核心，它包括绿色食品生产资料使用准则和绿色食品生产技术操作规程两部分。这类标准如下。

NY/T 392—2000 绿色食品食品添加剂使用准则。

NY/T 393—2000 绿色食品农药使用准则。

NY/T 394—2000 绿色食品肥料使用准则。

NY/T 471—2001 绿色食品饲料及饲料添加剂使用准则。

NY/T 472—2001 绿色食品兽药使用准则。

3. 绿色食品产品质量标准

绿色食品产品质量标准是绿色食品标准体系的重要组成部分，是衡量绿色食品最终产品质量的尺度，是绿色食品内在质量的主要标志。它虽然跟普通食品的国家标准一样，规定了食品的外观品质、营养品质和卫生品质等内容，但其卫生品质要求高于国家现行标准，主要表现在对农药残留和重金属的检测项目种类多、指标严。而且，使用的主要原料必须是来自绿色食品产地的、按绿色食品生产技术操作规程生产出来的产品，这类标准有60多个。

4. 绿色食品包装标签标准

该标准规定了进行绿色食品产品包装时应遵循的原则，包装材料选用的范围、种类，包装上的标识内容等（即 NY/T 658—2002 绿色食品包装通用准则），绿色食品产品标签，除要求符合国家《食品标签通用标准》外，还要求符合《中国绿色食品商标标志设计使用规范手册》规定，该《手册》对绿色食品的标准图形、标准字形、图形和字体的规范组合、标准色、广告用语以及在产品包装标签上的规范应用，均做了具体规定。

5. 绿色食品贮藏、运输标准

该项标准对绿色食品贮运的条件、方法、时间作出规定。以保证绿色食品在贮运过程中不遭受污染、不改变品质，并有利于环保和节能。

6. 绿色食品其他相关标准

相关标准包括"绿色食品生产资料"认定标准、"绿色食品生产基地"认定标准等，这些标准都是促进绿色食品质量控制管理的辅助标准。

以上 6 项标准对绿色食品产前、产中和产后全过程质量控制技术和指标作了全面的规定，构成了一个科学完整的标准体系。

（三）申请人条件

《绿色食品标志管理办法》第五条中规定："凡具有绿色食品生产条件的单位和个人均可作为绿色食品标志使用权的申请人。"随着绿色食品事业的发展，申请人的范围有所扩展，为了进一步规范管理，对标志申请人条件做如下规定。

（1）申请人必须是企业法人，企业要有一定规模和较强的抗风险能力，能够承担绿色食品标志认证费用。

（2）申请人必须具备绿色食品生产的环境条件和技术条件，能控制产品生产过程，落实绿色食品生产操作规程，确保产品质量符合绿色食品标准。

（3）乡、镇以下从事生产管理、服务的企业作为申请人，必须要有生产基地，并直接组织生产；乡、镇以上的经营服务企业必须要有隶属于本企业，稳定的生产基地。

（4）申报绿色食品的加工企业需生产经营一年以上，必须有商标注册证明。

（5）有下列情况之一者，不能作为绿色食品申请人。

①与各级绿色食品管理机构有经济或其他利益关系的；

②可能引致消费者对产品来源产生误解或不信任的，如批发市场、粮库等；

③纯属商业性经营的企业（如百货大楼、超市等）；

④社会团体、民间组织、政府和行政机构。

（四）产品必备条件

（1）产品或产品原料的产地必须符合绿色食品生态环境标准。

（2）农作物种植、畜禽饲养、水产养殖及食品加工必须符合绿色食品生产操作规程。

（五）申报材料清单

认证申请时，应提交以下文件。每份文件一式两份，一份由省绿办留存，另一份报绿色食品发展中心。

（1）《绿色标志使用申请书》。

（2）《企业及其生产情况调查表》。

（3）保证执行绿色食品标准和规范的声明。

（4）生产操作规程（种植规程、养殖规程）。

（5）公司对"基地+农户"的质量控制体系（合同、基地图、基地和农户清单、管理制度）。

（6）产品执行标准。

（7）产品注册商标文本（复印件）。

（8）企业营业执照（复印件）。

（9）企业管理手册。

（10）对于不同类型的申请企业，依据产品质量控制关键点和生产中投入产品的使用情况，还应分别提交以下材料。

①对于野生采集的申请企业，提供当地政府为防止过度采摘、水土流失而制订的许可采集管理制度；

②从国外引进农作物及蔬菜种子的，提供由国外生产商出具的非转基因种子证明文件原件及所用种衣剂种类和有效成分的证明材料；

③提供生产中所用农药、商品肥、兽药、消毒剂、渔用药、食品添加剂等投入品的产品标签原件；

④外购绿色食品原料的，提供有效期为1年的购销合同和有效期为3年的供货协议，并提供绿色食品证书复印件及批次购买原料发票复印件；

⑤企业存在同时生产加工主原料相同和加工工艺相同（相近）的同类多系列产品或平行生产（同一产品同时存在绿色食品生产与非绿色食品生产）的，提供从原料基地、收购、加工、包装、贮运、仓储、产品标识等环节的区别管理体系；

⑥原料（饲料）及辅料（包括添加剂）是绿色食品或达到绿色食品产品标准的相关证明材料；

⑦预包装产品，提供产品包装标签设计样。

（六）申报材料的准备

申请人准备的所有绿色食品申报材料要装订成册，并编制页码，附目录，缺一项不予受理。

1.《绿色食品标志使用申请书》及《企业及生产情况调查表》

申请人用钢笔、签字笔如实填写《绿色食品标志使用申请书》《企业及生产情况调查表》中内容，或用A4纸打印。字迹要整洁、术语规范、印章清晰、不得有涂改；一份《绿色食品标志使用申请书》和《企业及生产情况调查表》只能填报1个产品；所有表格栏目不得空缺，如不涉及本项目，应在表格栏目内注明"无"；如表格栏目不够，可加附页，但附页必须加盖公章；所有表格及材料签字处要签字，加盖公章处要盖章。

（1）申请书。

产品特点简介：如实填写该产品主要特点、加工工艺、内在质量成分、市场占有率等；

原料环境简介：主要介绍该产品（或产品原料）来自于什么样的生态环境、简单叙述原料基地地理位、地理地貌、气候特点等。

企业情况调查表。

表1生产企业概况。

①产品名称："产品名称"栏应填写商品名（即产品包装上的名称），不可将类产品（如蔬菜、水果、茶叶等）作为申请认证产品名称；对于原料配方基本一致，加工工艺相同或相近的系列加工产品（如系列大米、系列食用油）或同一产品申请在多个商标上使用的，可以以系列产品名称填写一份申请书，但在表1后要附报系列产品清单（包括产品名称、商标、申请认证产量和包装规格），"产品名称"内不可多个产品混填。

②生产规模：设计生产规模按照企业最大设计生产量来填写，生产规模填写当年（申请认证的）生产量来填写、应以"t"为单位。要注意的是销售量不得大于年生产规模。

③原料供应单位：生产单位要具体写单位名称，经济性质主要是原料供应单位的所有制形式；供应形式为申请认证企业与生产基地或原料供应单位间的关系。一般为"自产自销""公司+基地农户""合同收购""协议供应"和"订单农业"等形式；原料供应单位的年生产规模为原料种植面积，应由"亩"来表示；年供应量为原料提供量，应由"t"来表示。

对于畜禽、水产类申请认证企业，原料的供应包括两部分，即畜禽、水产品供应单位，饲料（饵料）供应单位。

不符合以上要求的，补报材料。

表2农药与肥料使用情况。

表2应填写种植业产品、产品原料的种植情况、畜产品饲料原料的种植情况，表2由原料生产单位填写、加盖公章并负责表中内容的真实性。

①种植面积及年生产量：主要指该农作物的种植面积及年生产量，要与表一里面的原料供应情况一栏相符；

②农药使用情况："主要病虫害"一栏填写当年发生的病、虫、草害；"农药名称"要填写通用名称，"剂型规格"填写"××%的×粉（液/体）"，目的应为防治某某虫害或病害，农药"每次用量"单位应用 g（mg）/亩或 1（mL）/亩，不得用稀释倍数；对于果树、茶叶类，用稀释倍数；拌种用药单位以"g（mL）/kg 种子（或%）"表示；末次使用时间指的是蔬菜等多次采摘的作物要标明安全间隔期（施用农药与产品采收间隔的天数），每项必须填写，不得涂改（如属笔误，进行更改）。

不符合以上要求的重新填报。

③肥料使用情况：填写所使用的有机肥料、化肥和微生物肥。使用方法一般为基肥、追肥和叶面肥，并如实填写施用时间、每次用量和全年总的施入量。有机肥和化肥的比例要控制在 1 000：10 的范围内，使用化肥氮肥或氮磷钾复混（合）肥的，要注明氮肥的种类，并提供商品肥标签（比例表）。

④审查评判：

Ⅰ. 不符合上列填写规范的，分别按"重新填报"或"补充材料"处理；

Ⅱ. 附报材料中，缺农药、标签的，要"补充材料"；

Ⅲ. 凡属下列任一情况的，按"不通过处理"。

农药使用：a. 农药使用与主要病虫害（防治对象）不相符；

b. 使用无三证农药（农药登记证、生产许可证、生产批号）；
c. 使用绿色食品禁用农药（包括有机合成的植物生长调节剂）；
d. 农药用量超标；e. 农药使用次数超标，包括使用混配（有机合成）农药中、含有已使用过的同种农药成分；f. 末次使用日与收获日之间的间隔期小于该农药规定的安全间隔期。

肥料使用：a. 只施用化肥、不施用有机肥；b. 使用硝态肥或含有硝态氮肥的复混（合）肥；c. 使用稀土肥料。

表3 加工产品生产情况。

表3 产品生产加工单位填写、盖章并负责表中内容的真实性。

①产品名称、设计年产量、实际年产量应与《表1》中产品名称、设计年产量、实际年生产规模相一致；执行标准：有绿色食品产品标准的必须执行绿色食品产品标准，没有绿色食品标准的执行国家标准，没有国家标准的执行企业标准（但企业标准在省级以上技术监督局和中国绿色食品发展中心备案）。

②原料基本情况："名称"栏中应列出生产该产品所使用的全部原料、辅料名称，按用量由大到小填写；比例填写用百分数（％）表示，依据用量大小，从大到小填写而且所有比例相加应等于100％；用量以"t"为单位来填写；"来源"详细填写来自于什么地方、什么企业、不可用"外购""来自基地"等含糊术语。

③添加剂使用情况："名称"栏不可缩写添加剂名称，不可填写"甜味剂""色素""香精"等集合名称，应填写通用名称；"用量"栏用千分数（‰）表示，不可用"kg""g"等重量单位；"备注"栏内应注明添加剂品牌及生产单位，不得涂改，该表不可多个产品混填。

④加工工艺基本情况要填写加工工艺流程简图以及主要设备名称、机型和制造单位名称。

⑤审查评判：

Ⅰ. 原辅料：a. 原料，年供给量"小于实际年产量"；b. 原料年用量与产品"实际年产量"间无损耗率（增长率）；c. 无法判定辅料是否达到绿色食品产品标准。

Ⅱ. 执行标准：a. 无或不明确；b. 已发布绿色食品产品标准的产品，仍执行国标、行标、地标或企业标准；c. 缺添加剂产品标签；d. 添加剂名称不规范，无法判定其有效成分。

Ⅲ. 下列情况不予通过：a. 主原料来源不符合有关规范要求；b. 添加剂：一是使用了绿色食品禁用的添加剂（包括绿色食品相应产品标准中"不得检出"的添加剂），或复合添加剂中含有绿色食品禁用的成分；二是添加剂使用超出了限定范围；三是添加剂使用量超标。

2. 保证执行绿色食品标准和规范的声明

《声明》应包括申报企业保证《绿色食品标志续展申请书》中填写的内容和提供的有关材料全部真实、准确；保证申报产品严格按绿色食品技术标准、技术规范及标志管理要求组织生产、加工和销售而且包括企业接受中国绿色食品发展中心组织实施的认证检查和企业年度检查等监督管理措施，并接受中国绿色食品发展中心所做的决定意见等内容，由法人代表签字，申请企业盖章。

3. 生产操作规程

（1）种植规程。种植规程应据当地实际情况而制定的，具有科学性和可操作性；不能用地方标准或技术资料的复印件，也不能以无公害的种植规程来代替；种植规程制定出来后由申报企业和种植负责单位加盖公章进行认可并负责实施。

（2）规程要执行绿色食品农药和肥料使用准则，内容应详细，应包括基地（建园）条件、品种和茬口（包括轮作方式）、育苗与移栽、种植密度、田间管理（肥、水）、病虫草鼠害的防治、亩产量、收获及贮存条件和具体实施时间。

（3）规程的制订要体现绿色食品生产特点。病虫草害防治应以生物、物理和机械方法为基础；施肥应以有机肥为基础；农药使用应注明名称剂型规格、标的、方法、使用次数及安全间隔期。

（4）说明：规程中应写明作物的品种，尤其是可能是转基因的作物品种，有关病虫草害及防治：病虫草害要求说明当地近年常见的种类及防治方法。防治方法要具体，对生产要有指导作用（可操作）。不可笼统写"严禁使用刷毒、高毒、高残留或具有三致毒性的农药"。

4. 加工规程

（1）该规程由申报企业根据本企业、本产品实际加工情况而制定，具有科学性和可操作性；规程制定出来后，正式打印、加盖公章并负责实施。

（2）加工规程内容：包括原料、辅料来源、验收、储存及预处理方法；生产工艺及主要技术参数，如温度、浓度、杀菌方法、添加剂的使用；主要设备及清洗方法；包装、仓储及成品检验制度；原、辅料比例。

（3）添加剂应注明品种、用途、使用量，使用量用千分数（‰）表示；生产工艺和技术参数中注明"吨耗率"，即生产 1t 产品所需要的原料量产品（原料）质量控制体系。

5. 产品（原料）质量控制体系

（1）基地及农户管理制度。申报企业应建立一套详细的管理制度，确保基地农户（养殖户）严格按绿色食品要求进行生产，公司应建立一套科学合理的组织机构，明确机构的职责及主要负责人，应由该机构来组织、管理绿色食品生产，全面负责包括基地管理、技术指导、生资供应、监督、收购、加工、仓储、运输、销售等各个环节的各项工作。

公司应建立一套详细的培训制度，加强对干部、主要技术人员、基地农户有关绿色食品知识培训，要求公司对基地和农户进行统一管理（即统一供应品种、统一供应生产资料、统一技术规程、统一指导、统一监督管理、统一收购、统一加工、统一销售），各项管理措施要求详细符合实际情况，并具可操作性；如公司委托第三方（技术服务部门）进行管理，需签订有效期为3年的委托管理合同，受托方按上述要求制定具体的管理制度。

（2）基地及农户清单。要求申报企业建立稳定的产品（产品原料）生产基地，并列出各基地名称、地址、负责人、电话、作物（或动物）品种、种植面积（养殖规模）、预计产量，基地要求具体到最小单元村（场）。公司应建立详细农户清单，包括所在基地名称、农户姓名、作物（动物）品种、种植面积（养殖规模）、预计产量。对于基地农户数超过1 000户的申请企业，可以只提供1个基地的农户清单样本，但企业必须以文字形式声明已建立了农户清单，企业应在基地周围选择合适的地方立牌表示该基地为哪一家企业的绿色食品原料基地。

（3）原料收购合同（协议）。公司应与基地、农户（养殖户）签订原料收购合同（协议），合同（协议）有效期应为3年，合同（协议）条款中应明确双方职责，明确要求严格按绿色食品生产操作规程及标准进行生产，并明确监管措施，合同（协议）中应标明基地（农户）名称、作物（动物）品种、种植面积（养殖规模）预计收购产量等。

（4）基地图。基地图在当地行政区划图基础上绘制，应清楚标明各基地方位及周边主要标志物方位。

（5）审查评判。

①下列情况需补充材料：一是规模，合同或基地（农户）名单提供的种植面积（养殖规模）及提供的产品量大于或小于申请认证产品的规模的需补充材料；二是无质量控制体系或不完整，例如，缺基地（农户）合同（协议）、农户清单、基地图；缺组织机构图、管理制度；三是缺委托管理合同（有效期3年）、缺受委托管理单位对基地管理制度。

②下列情况要求重新制定：一是管理制度内容不全面，例如，缺技术指导、生产中投入品管理和监督管理制度；二是所有合同（协议）无有效期或有效期不足3年；三是基地图编制不规范。

③下列情况不予通过：一是基地管理制度或合同（协议）中有绿色食品禁用的投入品；二是基地管理制度中有公司转让绿色食品标志使用权的现象，例如，申请人本身不销售认证产品，而同意（授权）基地（农户）自行销售时使用绿色食品。

6. 其他材料

（1）产品执行标准。有绿色食品产品标准的，必须执行绿色食品产品标准，没有绿色食品标准的执行国家标准，没有国家标准的执行行标、地标或企业标准（但企业标准在省级以上技术监督局和中国绿色食品发展中心备案）；企标备案人要与申请人一致；产品名称与申请认证产品名称要一致；企标中产品原料配方与"表4加工产品情况"要一致，企业标准中不能有绿色食品禁用的投入品（食品添加剂）。

（2）营业执照。申报企业应提供有效期内的营业执照（副本）复印件，营业执照上的企业名称要与申请人名称一致，所申报产品不应超出营业执照所规定范围。

（3）商标注册证。申报企业应提供有效期内的商标注册证（复印件），所申报产品不应超出商标注册证所规定范围，商标注册人与申请人名称要一致；（注册人名称不一致要提供商标使用权转让合同）。

（4）质量管理手册。申请企业要提供《企业质量管理手册》，如果没有，必须制定质量管理手册，已经通过 QS、ISO9000 系列、ISO14000 及 HACCP 认证的企业，可以提供进行上述认证时准备的质量管理手册及证书复印件。

（5）外购原料合同（协议）：a. 缺原料购销合同，买方与申请人不一致，卖方与绿色食品证书所有者不一致；b. 合同中产品名称与绿色食品证书上产品名称不一致；c. 合同订购量小于申请认证产品所需原料量，合同订购量大于申请认证产品所需原料量；d. 合同订购量大于原料生产单位所能提供的产量；e. 无合同有效期，有效期不足3年（说明：一般情况合同有效期要3年，但因

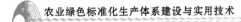

为一些因素〈如价格、质量等〉不能签 3 年合同的，可签订 3 年协议书，但同时要签订 1 年的合同，并提交批次购买发票复印件）；f. 合同缺公章，公章不清晰，公章全称与购买双方名称不一致；g. 缺原料生产单位绿色食品证书复印件；h. 原料生产单位绿色食品证书已超过有效期；i. 合同涂改。

第五章 HACCP 安全保证体系

第一节 HACCP 安全保证体系概述

一、HACCP 定义

HACCP 是英文 Hazard Analysis and Critical Control Point 的缩写，中文译为危害分析与关键控制点。HACCP 体系是国际上共同认可和接受的食品安全保证体系，主要是对食品中微生物、化学和物理危害进行安全控制。它是基于科学的原理，通过鉴别食品危害、采用重点预防措施来确保食品安全的一种食品质量控制体系。我国食品和水产界较早引进 HACCP 体系。2002 年我国正式启动对 HACCP 体系认证机构的认可试点工作。目前，在 HACCP 体系推广应用较好的国家，大部分是强制性推行采用 HACCP 体系。我国国家标准 GB/T15091-1994《食品工业基本术语》对 HACCP 的定义为：生产（加工）安全食品的一种控制手段，对原料、关键生产工序及影响产品安全的人为因素进行分析，确定加工过程中的关键环节，建立、完善监控程序和监控标准，采取规范的纠正措施。国际标准 CAC/RCP-1《食品卫生通则 1997 修订 3 版》对 HACCP 的定义为：鉴别、评价和控制对食品安全至关重要的危害的一种体系。国际食品法典委员会 CAC 对 HACCP 的定义是：鉴别和评价食品生产中的危险与危害，并采取控制的一种方法。

较为常见的定义解释为 HACCP 是对可能发生在食品加工环节中的危害进行评估，进而采取控制的一种预防性的食品安全控制体系。有别于传统的质量控制方法；HACCP 是对原料、各生产工序中影响产品安全的各种因素进行分析，确定加工过程中的关键环节，建立并完善监控程序和监控标准，采取有效的纠正措施，将危害预防、消除或降低到消费者可接受水平，以确保食品加工者能为消费者提供更安全的食品。HACCP 表示危害分析的临界控制点。确保食品在消费的生产、加工、制造、准备和食用等过程中的安全，在危害识别、评价和控制方面是一种科学、合理和系统的方法，但不代表健康方面一种不可接受的威胁。识别食品生产过程中可能发生的环节并采取适当的控制措施防止危害的发生，通过对加工过程的每一步进行监视和控制，从而降低危害发生的概率。食品的危害分析是 HACCP 七大原理之一，也是企业实施 HACCP 体系的一项基础工作。所谓食品危害分析是指识别出食品中可能存在的给人们身体带来伤害或疫病的生物、化学和物理因素，并评估危害的严重程度和发生的可能性，以便采取措施加以控制。食品危害分析一般分为危害识别和危害评估。食品的危害识别在 HACCP 体系中是十分关键的环节，它要求在食品原料使用、生产加工和销售、包装、运输等各个环节对可能发生的食品危害进行充分的识别，列出所有潜在的危害，以便采取进一步的行动。食品中的危害一般可分为生物危害、化学危害和物理危害。生物危害包括病原性微生物、病毒和寄生虫。化学危害一般可分为天然的化学危害、添加的化学危害和外来的化学危害。天然的化学危害来自于化学物质，这些化学物质在动物、植物自然生产过程中产生，添加的化学危害是人们在食品加工、包装运输过程中加入的食品色素、防腐剂、发色剂、漂白剂等，如果超过安全水平使用就成为危害。物理危害是指在食品中发现的不正常有害异物，当人们误食后可能造成身体外伤、窒息或其他健康问题。所谓危害评估就是对识别出来的食品危害是否构成显著危害进行评价。事实上，HACCP 体系并不是要控制所有的食品危害，只是控制显著危害。显著危害控制住了，也就降低了食品危害风险系数。

二、HACCP 的产生及发展历史

HACCP 始于 20 世纪 60 年代，当时美国在实行阿波罗登月计划，HACCP 是由美国太空总署（NMSA），陆军 Natick 实验室和美国 Pillsbury 公司共同发展而成，最初是为了制造百分之百安全的太空食品。60 年代初期，Pillsbury 公司在为美国太空项目尽其努力提供食品期间，率先应用 HACCP 概念。Pillsbury 公司认为他们现用的质量控制技术，并不能提供充分的安全措施来防止食品生产中的污染。确保安全的唯一方法是研发一个预防性体系，防止生产过程中危害的发生。从此，Pillsbury 公司的体系作为食品安全控制最新的方法被全世界认可，但它不是零风险体系，其设计目的是为尽量减小食品安全危害。

HACCP 概念的雏形是 1971 年由美国国家食品保护会议上首次被提出，1973 年美国药物管理局（Food and Drus Administration，FDA）首次将 HACCP 食品加工控制概念应用于罐头食品加工中，以防止腊肠毒菌感染。在 1985 年，美国国家科学院（NAS）建议与食品相关各政府机构应使用较具科学根据 HACCP 方法于稽查工作上，并鉴于 HACCP 实施于罐头食品成功例子经验，建议所有执法机构均应采用 HACCP 方法，对食品加工业应于强制执行。1986 年，美国国会要求美国海洋渔业服务处（NMFS）研订一套以 HACCP 为基础的水产品强制稽查制度。由于 NMFS 在水产品上执行 HACCP 方法成效显著，且在各方面逐渐成熟下，FDA 决定将对国内及进口的水产品从业者强制要求实施 HACCP，于是在 1994 年 1 月公布了强制水产品 HACCP 的实施草案，并且正式公布 1 年后才会正式实施，同时，FDA 也考虑将 HACCP 的应用更扩展到其他食品上（禽畜产品例外）。1995 年 12 月，FDA 根据"危害分析和关键控制点（HACCP）"的基本原则提出了水产品法规，FDA 所提出的水产品法规确保了鱼和鱼制品的安全加工和进口。这些法规强调水产品加工过程中的某些关键性工作，要由受过 HACCP 培训的人来完成，该人负责制订和修改 HACCP 计划，并审查各项纪录。美国 FDA、农业农村部、Department of Commerce、世界卫生组织（WHO）、联合国微生物规格委员会和美国国家科学院（CNMS）皆极力推荐 HACCP 为最有效的食品危害控制之方法。美国水产品的 HACCP 原则以被不少国家采纳，其中，包括加拿大、冰岛、日本、泰国等国。

三、HACCP 在我国及国外的推广应用

1. 国外情况

近年来 HACCP 体系已在世界各国得到了广泛的应用和发展。联合国粮农组织（FAO）和世界卫生组织（WHO）在 20 世纪 80 年代后期就大力推荐，至今坚持不懈。1993 年 6 月食品法典委员会（FAO/WHO CAC）考虑修改《食品卫生的一般性原则》，把 HACCP 纳入该原则内。1994 北美和西南太平洋食品法典协调委员会强调了加快 HACCP 发展的必要性，将其作为食品法典在 GATT/WTO SPS 和 TBI（贸易技术壁垒）应用协议框架下取得成功的关键。FAO/WHO CAC 积极倡导各国食品工业界实施食品安全的 HACCP 体系。根据世界贸易组织（WTO）协议，FAO/WHO 食品法典委员会制定的法典规范或准则被视为衡量各国食品是否符合卫生、安全要求的尺度。另外，有关食品卫生的欧共体理事会指令 93/43/EEC 要求食品工厂建立 HACCP 体系以确保食品安全的要求。在美国 FDA 于 1995 年 12 月颁布了强制性水产品 HACCP 法规，又宣布自 1997 年 12 月 18 日起所有对美出口的水产品企业都必须建立 HACCP 体系，否则，其产品不得进入美国市场。FDA 鼓励并最终要求所有食品工厂都实行 HACCP 体系。另外，加拿大、澳大利亚、英国、日本等国也都在推广和采纳 HACCP 体系，并分别颁发了相应的法规，针对不同种类的食品分别提出了 HACCP 模式。

目前 HACCP 推广应用较好的国家有：加拿大、泰国、越南、

印度、澳大利亚、新西兰、冰岛、丹麦、巴西等国，这些国家大部分是强制性推行采用HACCP。开展HACCP体系的领域：包括饮用牛乳、奶油、发酵乳、乳酸菌饮料、奶酪、冰淇淋、生面条类、豆腐、鱼肉、火腿、炸肉、蛋制品、沙拉类、脱水菜、调味品、蛋黄酱、盒饭、冻虾、罐头、牛肉食品、糕点类、清凉饮料、腊肠、机械分割肉、盐干肉、冻蔬菜、蜂蜜、高酸食品、肉禽类、水果汁、蔬菜汁、动物饲料等。

2. 我国HACCP应用发展情况

中国食品和水产界较早关注和引进HACCP质量保证方法。1991年农业部渔业局派遣专家参加了美国FDA、NOAA、NFI组织的HACCP研讨会，1993年国家水产品质检中心在国内成功举办了首次水产品HACCP培训班，介绍了HACCP原则、水产品质量保证技术水产品危害及监控措施等。1996年农业部结合水产品出口贸易形势颁布了冻虾等5项水产品行业标准，并进行了宣讲贯彻，开始了较大规模的HACCP培训活动。从1997年12月18日起，原国家商检局要求在输美水产品、果蔬产品等企业中强制实施HACCF认证。目前，在罐头类、禽肉类、茶叶、冷冻类等食品加工领域中，正在由试点性应用到普遍推广应用HACCP体系。

目前国内约有500多家水产品出口企业获得商检HACCP认证。2002年12月中国认证机构国家认可委员会正式启动对HACCP体系认证机构的认可试点工作，开始受理HACCP认可试点申请。

中华人民共和国国家出入境检验检疫局拟定进出口食品危险性等级分类管理方案和"危害分析和关键控制点"（HACCP）实施方案，并组织实施；食品检验监管处负责对食品生产企业的卫生和质量监督检查工作，组织实施"危害分析和关键控制点"（HACCP）管理方案。在公共卫生领域，HACCP体系正在得以实施。在《全国疾病预防控制机构工作规范》（2001）版中要求各级疾控机构，指导企业自觉贯彻实施HACCP，提高食品企业管理水平，减少食品加工过程中的危害因素，保证食品安全卫生。依《食品企业通用卫生规范》以及已颁布的各类食品生产企业生产规范，参照 CAC《HACCP 系统及其应用准则》的要求，指导食品生产企业逐步实施 HACCP 管理体系。但与先进国家相比，HACCP 体系在其他食品加工企业中的应用仍未引起生产商甚至管理部门的高度重视。因此，在农产品加工领域中加强宣传、培训和应用 HACCP 体系已成为一个紧迫的现实问题。

四、HACCP 体系的优势和特点

（一）HACCP 体系与常规质量控制模式的区别

1. 常规质量控制模式运行特点

对于食品安全控制原有常规做法是：监测生产设施运行与人员操作的情况，对成品进行抽样检验，包括理化、微生物、感官等指标。传统监控方式有以下不足。

（1）常用抽样规则本身不仅存在误判风险，而且食品涉及单个易变质生物体，样本个体不均匀性十分突出，误判风险难以预料。

（2）按数理统计为基础的抽样检验控制模式，必须做大量成品检验，费用高周期长。

（3）检验技术发展虽然很高，但可靠性仍是相对的。

（4）消费者希望无污染的自然状态的食品，检测结果符合标准规定的危害物质的限量，并不能消除人们对食品安全的疑虑。

2. HACCP 控制体系的特点

（1）HACCP 是预防性的食品安全保证体系，但它不是一个孤立的体系，必须建立在良好操作规范（GMP）和卫生标准操作程序（SSOP）的基础上。

（2）每个 HACCP 计划都反映了某种食品加工方法的专一特性，其重点在于预防，设计上防止危害进入食品。

（3）HACCP 不是零风险体系，但使食品生产最大限度趋近于

"零缺陷"。可用于尽量减少食品安全危害的风险。

（4）恰如其分的将食品安全的责任首先归于食品生产商及食品销售商。

（5）HACCP 强调加工过程，需要工厂与政府的交流沟通。政府检验员通过确定危害是否正确来得到控制来验证工厂 HACCP 实施情况。

（6）克服传统食品安全控制方法（现场检查和成品测试）的缺陷，当政府将力量集中于 HACCP 计划制订和执行时，对食品安全的控制更加有效。

（7）HACCP 可使政府检验员将精力集中到食品生产加工过程中最易发生安全危害的环节上。

（8）HACCP 概念可推广延伸应用到食品质量的其他方面，控制各种食品缺陷。

（9）HACCP 有助于改善企业与政府、消费者的关系，树立食品安全的信心。

（10）上述诸多特点根本在于 HACCP 是使食品生产厂或供应商从以最终产品检验为主要基础的控制观念转变为建立从收获到消费，鉴别并控制潜在危害，保证食品安全的全面控制系统。

（二）HACCP 体系的优点

HACCP 体系的最大优点就在于它是一种系统性强、结构严谨、适用性强而效益显著的以预防为主的质量保证方法。建立和有效运行 HACCP 体系能向全社会表明国家、政府和企业重视食品的安全、卫生，并采取了积极有效的控制手段。运用恰当，则可以提供更多的安全性和可靠性，并且比大量抽样检查的运行费用少得多。

HACCP 具有如下优点。

（1）在出现问题前就可以采取纠正措施，因而是积极主动的控制。

（2）通过易于监控的特性来实施控制，可操作性强、迅速。

（3）只要需要就能采取及时的纠正措施，迅速进行控制。

（4）与依靠化学分析微生物检验进行控制相比，费用低廉。

（5）由之间参与食品加工和管理的人员控制生产操作。

（6）关注关键点，使每批产品采取更多的保证措施，使工厂重视工艺改进，降低产品损耗。

（7）HACCP 能用于潜在危害的预告，通过监测结果的趋向来预告。

（8）HACCP 涉及与产品安全性有关的各个层次的职工，做到全员参与。

第二节　HACCP 体系的实施步骤和前提基础条件

一、HACCP 体系的实施步骤

1. 成立 HACCP 小组

HACCP 计划在拟定时，需要事先搜集资料，了解分析国内外先进的控制办法。HACCP 小组应由具有不同专业知识的人员组成，必须熟悉企业产品的实际情况，有对不安全因素及其危害分析的知识和能力，能够提出防止危害的方法技术，并采取可行的实施监控措施。

2. 描述产品

对产品及其特性，规格与安全性进行全面描述，内容应包括产品具体成分少，物理或化学特性、包装、安全信息、加工方法、贮存方法和食用方法等。

3. 确定产品用途及消费对象

实施 HACCP 计划的食品应确定其最终消费者，特别要关注特殊消费人群，如老人、儿童、妇女、体弱者或免疫系统有缺陷的人。食品的使用说明书要明示由何类人群消费、食用目的和如何食用等内容。

4. 编制工艺流程图

工艺流程图要包括从始至终整个 HACCP 计划的范围。流程图应包括环节操作步骤，不可含糊不清，在制作流程图和进行系统规划的时候，应有现场工作人员参加，为潜在污染的确定提出控制措施提供便利条件。

5. 现场验证工艺流程图

HACCP 小组成员在整个生产过程中以"边走边谈"的方式，对生产工艺流程图进行确认。如果有误，应加以修改调整。如改变操作控制条件、调整配方、改进设备等，应对偏离的地方加以纠正，以确保流程图的准确性、适用性和完整性。工艺流程图是危害分析的基础，不经过现场验证，难以确定其的准确性和科学性。

6. 危害分析及确定控制措施

在 HACCP 方案中，HACCP 小组应识别生产安全卫生食品必须排除或要减少到可以接受水平的危害。危害分析是 HACCP 最重要的一环。按食品生产的流程图，HACCP 小组要列出各工艺步骤可能会发生的所有危害及其控制措施，包括有些可能发生的事，如突然停电而延迟加工、半成品临时储存等。危害包括生物性（微生物、昆虫及人为的）、化学性（农药、毒素、化学污染物、药物残留、合成添加剂等）和物理性（杂质、软硬度）的危害。在生产过程中，危害可能是来自于原辅料的、加工工艺的、设备的、包装贮运的、人为的等方面。在危害中尤其是不能允许致病菌的存在与增殖及不可接受的毒素和化学物质的产生。因而危害分析强调要对危害的出现可能、分类、程度进行定性与定量评估。

对食品生产过程中每一个危害都要有对应的、有效的预防措施。这些措施和办法可以排除或减少危害出现，使其达到可接受水平。对于微生物引起的危害，一般是采用：原辅料、半成品的无害化生产，并加以清洗、消毒、冷藏、快速干制、气调等；加工过程采用调 pH 值与控制水分活度；实行热力、冻结、发酵；添加抑菌剂、防腐剂、抗氧化剂处理；防止人流物流交叉污染等；重视设备清洗及安全使用；强调操作人员的身体健康、个人卫生和安全生产意识；包装物要达到食品安全要求；贮运过程防止损坏和二次污染。对昆虫、寄生虫等可采用加热、冷冻、辐射、人工剔除、气体调节等。如是化学污染引起，应严格控制产品原辅料的卫生，防止重金属污染和农药残留，不添加人工合成色素与有害添加剂，防止贮藏过程有毒化学成分的产生。如果由物理因素引起的伤害，可采用提供质量保证证书、原料严格检测、遮光、去杂抗氧化剂等办法解决。

7. 确定关键控制点

尽量减少危害是实施 HACCP 的最终目标。可用一个关键控制点去控制多个危害，同样，一种危害也可能需几个关键点去控制，决定关键点是否可以控制主要看是防止、排除或减少到消费者能否接受的水平。HACCP 的数量取决于产品工艺的复杂性和性质范围。HACCP 执行人员常采用判断树来认定 HACCP，即对工艺流程图中确定的各控制点使用判断树按先后回答每一个问题，按次序进行审定。

8. 确定关键控制限值

关键控制限值是一个区别能否接受的标准，即保证食品安全的允许限值。关键控制限值决定了产品的安全与不安全、质量好与坏的区别。关键限值的确定，一般可参考有关法规、标准、文献、试验结果，如果一时找不到适合的限值，实际中应选用一个保守的参数值。在生产实践中，一般不用微生物指标作为关键限值，可考虑用温度、时间、流速、pH 值、水分含量、盐度、密度等参数。所有用于限值的数据、资料应存档，以作为 HACCP 计划的支持性文件。

9. 关键控制点的监控制度

建立临近程序，目的是跟踪加工操作，识别可能出现的偏差，提出加工控制的书面文件，以便应用监控结果进行加工调整和保持控制，从而确保所有 HACCP 都在规定的条件下运行。监控有 2 种形式：现场监控和非现场监控。监控可以是连续的，也可以是非连续的，即在线监控和离线监控。最佳的方法是连续的，即在线监控。非连续监控是点控制，对样品及测定点应有代表性。监控内容应明确，监控制度应可行，监控人员应掌握监控所具有的知识和技能，正确使用好温、湿度计、自动温度控制仪、pH 值、水分活度及其他生化测定设备。监控过程所获数据、资料应由专门人员进行评价。

10. 建立纠偏措施

纠偏措施是针对关键控制点控制限值所出现的偏差而采取的行动。纠偏行动要解决两类问题。一类是制定使工艺重新处于控制之中的措施；另一类是拟定好 HACCP 失控时期生产出的食品的处理办法。对每次所施行的这两类纠偏行为都要记入 HACCP 记录档案，并应明确产生的原因及责任所在。

11. 建立审核程序

审核的目的是确认制定的 HACCP 方案的准确性，通过审核得到的信息可以用来改进 HACCP 体系。通过审核可以了解所规定并实施的 HACCP 系统是否处于准确的工作状态中，能否做到确保食品安全。内容包括 2 个方面：验证所应用的 HACCP 操作程序，是否还适合产品，对工艺危害的控制是否正常、充分和有效；验证所拟定的监控措施和纠偏措施是否仍然适用。审核时要复查整个 HACCP 计划及其记录档案。验证方法与具体内容：包括要求原辅料、半成品供货方提件产品合格证证明；检测仪器标准，并对仪器表校正的记录进行审查；复查 HACCP 计划制定及其记录和有关文件；审查 HACCP 内容体系及工作日记与记录；复查偏差情况和产品处理情况；HACCP 记录及其控制是否正常检查；对中间产品和最终产品的微生物检验；评价所制定的目标限值和容差，不合格产品淘汰记录；调查市场供应中与产品有关的意想不到的卫生和腐败问题；复查已知的、假想的消费者对产品使用情况及反映记录。

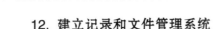

12. 建立记录和文件管理系统

记录是采取措施的书面证据，没有记录等于什么都没有做。因此，认真及时和精确的记录及资料保存是不可缺少的。HACCP 程序应文件化，文件和记录的保存应合乎操作种类和规范。保存的文件有：说明 HACCP 系统的各种措施（手段）；用于危害分析采用的数据；与产品安全有关的所作出的决定；监控方法及记录；由操作者签名和审核者签名的监控记录；偏差与纠偏记录；审定报告及 HACCP 计划表；危害分析工作表；HACCP 执行小组会上报告及总结等。

各项记录在归档前要经严格审核，HACCP 监控记录、限值偏差与纠正记录、验证记录、卫生管理记录等所有记录内容，要在规定的时间（一般在下班、交班前）内及时由工厂管理代表审核，如通过审核，审核员要在记录上签字并写上当时时间。所有的 HACCP 记录归档后妥善保管，美国对海产品的规定是自生产之日起至少要保存 1 年，冷冻与耐保藏产品要保存 2 年。

在完成整个 HACCP 计划后，要尽快以草案形式成文，并在 HACCP 小组成员中传阅修改，或寄给有关专家征求意见，吸纳对草案有益的修改意见并编入草案中，经 HACCP 小组成员一次审核修改后成为最终版本，供上报有关部门审批或在企业质量管理中应用。

二、HACCP 体系实施的前提计划模式

1. 良好操作规范（GMP）

操作规范主要讨论生产安全、洁净、健康的食品十分重要的不同方面，提供强制性要求指南和所有加工人员都要遵从的卫生标准原则，主要涉及加工工厂的员工及他们的行为；厂房与地面、设备及工器具、卫生操作（如工序、有害物质控制、实验室检测等）、卫生设施及控制，包括使用水、污水处理、设备清洗、设备和仪器、设计和工艺、加工和控制（例如，原料验收、检查、生产、

包装、储藏、运输等）。

2. 卫生标准操作程序（SSOP）

操作程序主要涉及 8 个方面，即加工用水和冰的安全，食品接触面的状况与清洁、预防交叉污染、手清洗、消毒及卫生间设施、防止食品、食品包装材料和食品接触面掺杂物、有毒化合物的标记、贮藏和使用、员工的健康和虫害的控制。

3. 产品的标识代码和召回计划

标识代码和召回计划包括建立产品编码体系、对投诉的反馈、召回小组、进行模拟召回等。应建立从原料到成品的标识系统，使产品具有可追溯性。从而对产品质量进行追踪，分析不合格的原因，制定和采取必要的措施。回收计划是企业以书面的信息收集程序来描述企业在有回收要求时应执行的程序，其目的是保证产品在从市场上回收时能尽可能的有效、快速。企业应定期进行模拟回收演练，验证回收计划的有效性。

4. 设备设施的维护保养计划

维护保养计划包括设备的设计和安装、维护（设备、空气过滤器、阀/垫衬/O 型管）、校准（巴氏杀菌锅的检查、温度计、计量器具）、清洗消毒（蓄水池）等。

5. 培训计划

培训计划是最重要的前提计划之一，包括对良好卫生规范、良好操作规范、技能（如杀菌工艺、巴氏杀菌）、HACCP、致敏剂的管理等的培训。通过培训可以提高实施 HACCP 计划的技术技能和改变人员的观念。培训应具有针对性，对于管理层、关键工序的人员、一般操作人员应具有不同的培训计划。

6. 原料、辅料的接收计划

接收计划包括对原料辅料的包装检查、可追溯性、检测、供应商的控制、运输和储存条件和场所的规定等。

7. 应急计划

应急计划对于企业发生的紧急情况所采取的应对措施的计划，

包括对水质不良、停水、停电时的应急计划等。企业应定期进行模拟应对措施的演练，验证应急计划的有效性。

8. 雇员的健康计划

健康计划包括毛发的物理检查、传染性疾病的规定、短期外伤的规定、短期疾病的规定等。

9. 企业的内审计划

内审计划是定期审核以验证前提计划的执行。验证包括审核监控记录、定期检测、观察。

10. 良好养殖/农业操作规范（GAP）

良好养殖操作规范，在水产养殖场为了使水产养殖品污染病原体、违禁药物、化学品和污物的可能性减少或降到最低的操作规范。良好农业操作规范，主要针对未加工或最简单加工（生的）出售给消费者或加工企业的大多数果蔬的种植、采收、清洗、摆放、包装和运输过程中常见的微生物危害控制，其关注的是新鲜果蔬的生产和包装，但不限于农场，包含从农场到餐桌的整个食品链的所有步骤。

三、HACCP 体系实施的前提基础

HACCP 前提计划是 HACCP 的基础，HACCP 前提计划模式内容非常庞大，但归纳起来，HACCP 实施的前提基础条件可分为以优良制造规范（即良好操作/企业规范，Good Manufacturing Practice，GMP）和卫生标准操作规范（Sanitation Standard Operation Procedure，SSOP）为框架的 2 个前提基础。

（一）食品 GMP

"GMP"是英文 Good Manufacturing Practice 的缩写，1969 年，世界卫生组织向世界各国推荐使用 GMP，中文的意思是"良好作业规范"，或是"优良制造标准"，是一种特别注重在生产过程中实施对产品质量与卫生安全的自主性管理制度。它是一套适用于制药、食品等行业的强制性标准，要求企业从原料、人员、设施设

备、生产过程、包装运输、质量控制等方面按国家有关法规达到卫生质量要求，形成一套可操作的作业规范帮助企业改善卫生环境，及时发现生产过程中存在的问题，加以改善。简要地说，GMP要求食品生产企业应具备良好的生产设备，合理的生产过程，完善的质量管理和严格的检测系统，确保最终产品的质量（包括食品安全卫生）符合法规要求。GMP所规定的内容，是食品加工企业必须达到的最基本条件。

　　美国最早将GMP用于工业生产，1969年FDA发布了食品制造、加工、包装和保存的良好生产规范，简称GMP或FGMP基本法，并陆续发布各类食品的GMP。目前，美国已立法强制实施食品GMP。GMP自20世纪70年代初在美国提出以来，已在全球范围内的不少发达国家和发展中国家得到认可并采纳。1969年，世界卫生组织向全世界推荐GMP。1972年，欧洲共同体14个成员国公布了GMP总则。日本、英国、新加坡和很多工业先进国家引进食品GMP。日本厚生省于1975年开始制定各类食品卫生规范。我国已颁布药品生产GMP标准，并实行企业GMP认证，使药品的生产及管理水平有了较大程度的提高。我国食品企业质量管理规范的制定开始于80年代中期。1984年，为加强对我国出口食品生产企业的监督管理，保证出口食品的安全和卫生质量，原国家商检局制定了《出口食品厂、库卫生最低要求》。该规定是类似GMP的卫生法规。从1988年开始，我国先后颁布了17个食品企业卫生规范。重点对厂房、设备、设施和企业自身卫生管理等方面提出卫生要求，以促进我国食品卫生状况的改善，预防和控制各种有害因素对食品的污染。1994年原卫生部修改为《出口食品厂、库卫生要求》。1994年，原卫生部参照FAO/WHO食品法典委员会CAC/RCP Rev. 2—1985《食品卫生通则》，制定了《食品企业通用卫生规范》（GB 14881—1994）国家标准。随后，陆续发布了《罐头厂卫生规范》《白酒厂卫生规范》等19项国家标准。1998年，原卫生部颁布了《保健食品良好生产规范》（GB 17405—1998）和《膨化食品良好生产规范》（GB 17404—1998），这是我国首批颁布的食品 GMP 强制性标准。同以往的"卫生规范"相比，最突出的特点是增加了品质管理的内容，对企业人员素质及资格也提出了具体要求，对工厂硬件和生产过程管理及自身卫生管理的要求更加具体、全面、严格。原卫生部还组织制定了乳制品、熟肉制品、饮料、蜜饯及益生菌类保健食品等企业的 GMP，并拟陆续发布实施。我国台湾地区也于 1988 年全面强制实施药品 GMP，于 1989 年推行食品良好生产规范。

虽然上述标准均为强制性国家标准，但由于标准本身的局限性、我国标准化工作的滞后性、食品生产企业卫生条件和设施的落后状况以及政府有关部门推广和监管措施力度不够，这些标准尚未得到全面的推广和实施。为此，卫生部决定再修订原卫生规范的基础上制订部分食品生产 GMP。2001 年，卫生部组织广东、上海、北京、海南等部分省市卫生部门和多家企业成立了乳制品、熟食制品、蜜饯、饮料、益生菌类保健食品五类 GMP 的制订、修订协作组，确定了 GMP 的制订原则、基本格式、内容等，不仅增强了可操作性和科学性，而且增加并具体化了良好操作规范的内容，对良好的生产设备、合理的生产过程、完善的质量管理、严格的检测系统提出了要求。几十年的应用实践证明，GMP 是确保产品高质量的有效工具。因此，联合国食品法典委员会（CAC）将 GMP 作为实施危害分析与关键控制点（HACCP）原理的必备程序之一。

食品 GMP 的基本出发点是降低食品生产过程中人为的错误；防止食品在生产过程中遭到污染或品质劣变；建立健全的自主性品质保证体系。食品 GMP 的管理要素：包括人员（man），要由适合的人员来生产与管理；原料（meterial），要选用良好的原材料；设备（machine），要采用合适的厂房和机械设备；方法（method），要遵照标准组织生产和采用适当的工艺来生产食品。

GMP（Good Manufacture Practice）是一种具有专业特性的品质保证或制造管理体系，是为保障食品安全、质量而制定的贯穿食品生产全过程的一系列措施、方法和技术要求，是一种特别注重生产过程中产品品质与卫生安全的自主性管理制度，是一种具体的产品质量保证体系，其要求工厂在制造、包装及贮运产品等过程的有关人员配置以及建筑、设施、设备等的设置及卫生、制造过程、产品质量等管理均能符合良好生产规范，防止产品在不卫生条件或可能引起污染及品质变坏的环境下生产，减少生产事故的发生，确保产品安全卫生和品质稳定，确保成品的质量符合标准。GMP要求生产企业应具有良好的生产设备，合理的生产过程，完善的质量管理和严格的检测系统。其主要内容包括如下。

（1）先决条件。包括合适的加工环境、工厂建筑、道路、行程、地表供水系统、废物处理等。

（2）设施。包括制作空间、贮藏空间、冷藏空间、冷冻空间的供给；排风、供水、排水、排污、照明等设施；合适的人员组成等。

（3）加工、储藏、分配操作。包括物质购买和贮藏；机器、机器配件、配料、包装材料、添加剂、加工辅助品的使用及合理性；成品外观、包装、标签和成品保存；成品仓库、运输和分配；成品的再加工；成品申请、抽检和试验，良好的实验室操作等。

（4）卫生和食品安全检测。包括特殊的储藏条件，热处理、冷藏、冷冻、脱水、化学保藏；清洗计划、清洗操作、污水管理、害虫控制；个人卫生和操作；外来物控制、残存金属检测、碎玻璃检测以及化学物质检测等。

（5）管理职责。包括提供资源、管理和监督、质量保证和技术人员；人员培训；提供卫生监督管理程序；满意程度；产品撤销等。

食品GMP的目的是为食品生产提供一套必须遵循的组合标准，为卫生行政部门、食品卫生监督员提供监督检查的依据，为建立国际食品标准提供基础。便于食品的国际贸易，使食品生产经营人员认识食品生产的特殊性，提供重要的教材，由此产生积极的工作态度，激发对食品质量高度负责的精神，消除生产上的不良习惯，使食品生产企业对原料、辅料、包装材料的要求更为严格，有助于食品生产企业采用新技术、新设备，从而保证食品质量。这一管理制度的推行，提高了食品的品质与卫生安全，保障了消费者与生产者的权益，强化了食品生产者的自主管理体制，促进食品工业的健全发展。

（二）卫生标准操作规范

SSOP 是卫生标准操作规范（Sanitation Standard Operation Procedure）的简称，是食品企业为了满足食品安全的要求，在卫生环境和加工过程等方面所需实施的具体程序；是食品企业明确在食品生产中如何做到清洗、消毒、卫生保持的指导性文件。

卫生标准操作程序（SSOP）体系起源 20 世纪 90 年代美国食源性疾病频繁暴发，有大半感染或死亡的原因和肉、禽产品有关。这一情况促使美国农业农村部（USDA）重视肉禽生产的状况，建立一套包括生产、加工、运输、销售所有环节在内的肉禽产品生产安全措施，从而保障公众健康。1995 年 2 月颁布《美国肉禽产品 HIACCP 法规》，第一次提出要求建立一种书面的常规可行的程序——卫生标准操作程序（SSOP）；同年 12 月，FDA 颁布的《美国水产品 HACCP 法规》中进一步明确了 SSOP 必须包括的 8 个方面及验证等相关程序，从而建立了 SSOP 的完整体系。卫生标准操作程序（SSOP）体系的基本内容：根据美国 FDA 的要求，SSOP 计划至少包括以下 8 个方面。

（1）用于接触食品或食品接触面的水，或用于制冰的水的安全。

（2）与食品接触的表面的卫生状况和清洁程度，包括工具、设备、手套和工作服。

（3）防止发生食品与不洁物、食品与包装材料、人流和物流、高清浩区的食品与低清洁区的食品、生食与熟食之间的交叉污染。

（4）手的清洗消毒设施以及卫生间设施的维护。

（5）保护食品、食品包装材料和食品接触面免受润滑剂、燃油、杀虫剂清洗剂、消毒剂、冷凝水、铁锈和其他化学、物理和生物性外来杂质的污染。

（6）有毒化学物质的正确标志、储存和使用。

（7）直接或间接接触食品的从业者健康情况的控制。

（8）有害动物的控制（防虫、灭虫、防鼠、灭鼠）。

其中，与个人卫生有关的第（7）条举例说明，具体到个人身体的清洁、健康状态及个人卫生的标准操作程序（SOP）主要反映在如下条例中。

员工应定期体检，保证健康。

建立病历报告制度。

建立卫生工作规则。

——去洗手间后必须洗手；

——处理废物或污秽材料后必须洗手；

——处理未煮熟的食物、蛋类和乳制品后必须洗手；

——接触钱币后必须洗手；

——在加工区不吸烟、不吃东西；

——打喷嚏后必须洗手；

——离岗位后必须洗手；

——不要徒手接触食物和使用仪器、器具；

——随时要戴手套、发帽；

——不要穿戴饰物或可以跌落到食物上的物件；

——穿着干净的外衣和防护衣、鞋套；

——保持指甲干净，等等。

中国政府历来重视食品的卫生管理。20世纪80年代中期中国政府开始制定食品企业质量管理规范，从1988年起，先后制定了多个食品企业卫生规范，这些规范制定的指导思想和SSOP类似，可以理解为中国特色的SSOP。规范主要是围绕预防和控制各种有害因素对食品的污染，保证食品安全而相应制订，但对保证食品营养价值、功效成分以及色、香、味等感官性状则未作相应的品质管理要求。食品企业通用的卫生规范主要包括以下内容：原材料采购、运输的卫生要求；工厂设计与设施的卫生要求；工厂的卫生管理；生产过程的卫生要求；卫生和质量检验的管理；成品贮存、运输的卫生要求；个人卫生与健康的要求。GMP除了对原料采购、运输和储存、生产过程、产品的储存、运输等有要求，而且对于工厂的选址、设计和建造以及生产用设备设施等硬件都有明显要求。SSOP偏重于卫生要求，如水的卫生要求、产品接触面的卫生要求、人员的卫生要求等，通过制定一系列的程序，说明如何清洗，如何消毒，如何进行卫生保持，通过实施SSOP可以达到GMP的要求。

GMP和SSOP是实施HACCP的基础，也就是说如果前面两者做不好，搞HACCP根本无从谈起。

第三节　制订实施HACCP计划的预备阶段和7项原则

一、预备阶段

HACCP的原理逻辑性强，简明易懂。但由于食品企业生产的产品特性不同，加工条件、生产工艺、人员素质各不相同，因此，在HACCP体系的具体建立过程中，在有效地应用HACCP七大原则之前，可采用食品法典委员会中食品卫生专业委员会HACCP工作组专家推荐的预备步骤，以一种循序渐进的方式来制定HACCP体系。

（一）组建HACCP工作组

国内外HACCP的应用实践表明，HACCP是由企业自主实施，政府积极推行的行之有效的食品卫生管理技术。HACCP计划的制订和实施，必须得到企业最高领导的支持、重视和批准。HACCP的成功应用，需要管理层和员工的全面责任承诺和介入。HACCP

小组成员应该由多种学科及部门人员组成，包括生产管理、质量控制、卫生控制、设备维修和化验人员等。HACCP 工作组负责书写SSOP 文本，制订 HACCP 计划，修改验证 HACCP 计划，监督实施HACCP 计划和对全体人员的培训等。

（二）产品描述和确定产品预期用途与消费者

HACCP 小组建立后，首先要描述产品，包括产品名称、成分、加工方式、包装、保质期、储存方法、销售方法、预期消费者（如普通公众、婴儿、老年人）和如何消费（是否不再蒸煮直接食用，还是加热蒸煮后食用）。如冷冻即食虾（熟）通过冷冻分发并在普通公众中销售，因消费者可能加热就直接食用，某些病原体的存在就构成了显著危害。然而，对于原料虾，消费者食用前常常采取煮熟措施，此时同一病原体就可能不是一种显著的危害。

（三）建立和验证工艺流程图

HACCP 小组成员深入企业各工段，认真观察从原材料进厂直至成品出厂的整个生产加工过程，并与企业生产管理人员和技术人员交谈，详细了解生产工艺以及基础设施、设备工具和人员的管理情况。在此基础上，绘制生产工艺流程简图，并现场进行验证。

二、HACCP 体系的 7 项原则

HACCP 作为当今世界上最具权威的食品安全保证体系，其原理经过实践的应用和修改，已被食品法规委员会（CAC）确认，由 7 项原则组成，以确认制程中之危害及监控主要管制点，以防止危害的发生。

（一）危害分析及危害程度评估

由原料、制造过程、运输至消费的食品生产过程之所有阶段，分析其潜在的危害，评估加工中可能发生的危害以及控制此危害之管制项目。

（二）主要管制点（CCP）

决定加工中能去除此危害或是降低危害发生率的一个点、操作

或程序的步骤，此步骤能是生产或是制造中的任何一个阶段，包括原料、配方及（或）生产、收成、运输、调配、加工和储存等。

（三）管制界限

为确保 HACCP 在控制之下所建立的 HACCP 管制界限。

（四）监测方法

建立监测 HACCP 程序，可以测试或是观察进行监测。

（五）矫正措施

当监测系统显示 HACCP 未能在控制之下时，需建立矫正措施。

（六）建立资料记录和文件保存

建立所有程序资料记录，并保存文件，以利记录、追踪。

（七）建立确认程序

建立确认程序，以确定 HACCP 系统是在有效的执行。可以稽核之方式，收集辅助性之资料或是以印证 HACCP 计划是否实施得当。确认主要范围如下。

（1）用科学方法确认 HACCP 控制界限。

（2）确认工厂 HACCP 计划功能，包括有终产品检验，HACCP 计划审阅，HACCP 纪录的审阅及确认各个步骤是否执行。

（3）内部稽核，包括有工作日志的审阅及流程图和 HACCP 的确认。

（4）外部稽核及符合政府相关法令的确认。

主要参考文献

安玉发，等，2011. 告别"卖难"农产品流通与营销务实 [M]. 北京：中国农业出版社.

高丁石，等，2011. 绿色农业理念与建设 [M]. 北京：中国农业科学技术出版社.

高丁石，等，2018. 农业绿色发展关键问题与技术 [M]. 北京：中国农业科学技术出版社.

揭益寿，等，2013. 中国农业发展模式创新与农业现代化 [M]. 徐州：中国矿业大学出版社.